草的大千世界

上

宋圣天 ◎ 编著

中国出版集团
现代出版社

图书在版编目(CIP)数据

草的大千世界(上) / 宋圣天编著. —北京：现代出版社，2014.1

ISBN 978-7-5143-2173-9

Ⅰ. ①草… Ⅱ. ①宋… Ⅲ. ①成功心理－青年读物 ②成功心理－少年读物 Ⅳ. ①B848.4－49

中国版本图书馆 CIP 数据核字(2014)第 008623 号

作　　者	宋圣天
责任编辑	王敬一
出版发行	现代出版社
通讯地址	北京市安定门外安华里504号
邮政编码	100011
电　　话	010－64267325 64245264(传真)
网　　址	www.1980xd.com
电子邮箱	xiandai@cnpitc.com.cn
印　　刷	唐山富达印务有限公司
开　　本	710mm×1000mm　1/16
印　　张	16
版　　次	2014年1月第1版　2023年5月第3次印刷
书　　号	ISBN 978-7-5143-2173-9
定　　价	76.00元(上下册)

版权所有，翻印必究；未经许可，不得转载

目 录

上篇 众说纷纭的草

1. 白车轴草 ·· 1
2. 白前 ··· 6
3. 白薇 ··· 11
4. 百里香 ·· 15
5. 半枫荷 ·· 20
6. 宝塔花 ·· 25
7. 冰凌草 ·· 28
8. 菠菜 ··· 32
9. 彩叶草 ·· 37
10. 苍术 ··· 42
11. 柴胡 ··· 47
12. 常春藤 ·· 53
13. 车前草 ·· 57
14. 川断续 ·· 62
15. 垂盆草 ·· 67

16. 大黄 …………………………………………………… 73

17. 红藤 …………………………………………………… 77

18. 当归 …………………………………………………… 82

19. 灯芯草 ………………………………………………… 87

20. 定经草 ………………………………………………… 92

21. 防风 …………………………………………………… 97

22. 风铃草 ………………………………………………… 102

23. 凤蝶草 ………………………………………………… 107

24. 凤凰草 ………………………………………………… 112

25. 甘草 …………………………………………………… 117

上 篇　众说纷纭的草

1. 白车轴草

一、简介

白车轴草（又名白三叶、白花三叶草、白三草、车轴草、荷兰翅摇），多年生草本；茎匍匐，无毛，茎长30～60厘米。掌状复叶有3小叶，小叶倒卵形或倒心形，长1.2～2.5厘米，宽1～2厘米，栽培的叶长可达5厘米，宽达3.8厘米，顶端圆或微凹，基部宽楔形，边缘有细齿，表面无毛，背面微有毛；托叶椭圆形，顶端尖，抱茎。花序头状，有长总花梗，高出于叶；萼筒状，萼齿三角形，较萼筒短；花冠白色或淡红色，旗瓣椭圆形。荚果倒卵状椭圆形，有3～

4种子；种子细小，近圆形，黄褐色。花期5月，果期8~9月。

二、白车轴草花语

幸福、顽强、爱国。

三、白车轴草箴言

爱之花开放的地方，生命便能欣欣向荣——梵高。是啊，活着，顽强地活着，直到成为霸占草原的君主（不需修剪，管理强度小；浇水次数少，管理较粗放；自然更新、草坪经久不衰，种子落地自生，可以实现自然更新，使草坪经久不衰；生长能力强，观赏性较好。白花三叶的匍匐茎向四周蔓延，其茎节处着地生根，当母株死亡或茎被切断，匍匐茎可形成新的独立株丛）。

四、古韵

白三叶草

日下花颜似你
我摇身成绿株
不知名植物的向阳性子
都朝向了你

天净沙

上官有似花开，下官浑似花衰，花谢花开小哉！

常存根在，明年依旧春来。

赏析：

"上官"，是指官员上任。"下官"，是指官员离任、撤任。上任、离任、撤职就如同花谢花开一样，是一件小小的事情。只要留得花根儿在，明年春风起时，我依旧上任当官。"上官"、"下官"都是有原因的。"上官"就不说了。"下官"，或因贪污、或因受贿、或因渎职……但是不要紧，只要我同"吏部"，也就是今天的组织部搞好关系，有了"根"，风头一过，接着"上官"。这就是元朝的吏治，这就是使堂堂大元成为一个短命王朝的吏治。

五、美好传说

夏娃从天国伊甸园将三叶草带到大地上，寓意幸福。三叶草也是白车轴草的变种。

因为通常只有3瓣叶子，找到4瓣叶的机会率只有万分之一，所以，也成为现在国际上意味幸福的代表，隐含得到幸福及上天眷顾；如能找到5瓣叶子，甚至喻为可拥有统治大地的权力，只有时来运到时，才有此机遇。如果能在草丛中，连续发现到三株幸运草（四瓣叶子的才叫幸运草）的话，你之后遇到的第一名异性，极可能成为你的白马王子……

六、气质诗文

（一）谎言三叶草

文/毕淑敏

人总是要说谎的，谁要是说自己不说谎，这就是一个彻头彻尾的谎言。有的人一生都在说谎，他的存在就是一个谎言。有的人偶尔说谎，除了他自己，没有人知道这是一个谎言。谎言在某些时候只是说话人的善良愿望，只要不害人，说说也无妨。

在我心灵深处，生长着一棵"谎言三叶草"。当它的每一片叶子都被我毫不犹豫地摘下来时，我就开始说谎了。

它的第一片叶子是善良。不要以为所有的谎言都是恶意，善良更容易把我们载到谎言的彼岸。一个当过许多年的医生的人，当那些身患绝症的病人殷殷地拉着他的手，眼巴巴的问："大夫。你说我还能治好吗？"他总是毫不犹豫地回答："能治好。"他甚至不觉得这是一个谎言。它是他和病人心中共同的希望。当事情没有糟到一塌糊涂时，善良的谎言也是支撑我们前进的动力。

"三叶草"的第2片叶子是此谎言没有险恶的后果，更像一个诙谐的玩笑或委婉的借口。比如文学界的朋友聚会是一般人眼中高雅的所在，但我多半是不感兴趣的。不过，人家邀请你，是好意，断然拒绝，不但不礼貌，也是一种骄傲的表现，和我本意相距太远。这时，我一般都是找一个借口推脱了。比如我说正在写东西，或是已经有了约会……

第3片叶子是我为自己规定——谎言可以为维护自尊心而说。我们常会做错事，错误并没有什么了不起，改过来就是了。但因为错误在众人面前伤了自尊心，就是外伤变成内伤，不是一时半会儿治得好的。我并不是包庇自己的错误。我会在没有人的暗夜，深深检讨自己的缺憾，但我不愿在众目睽睽之下，把自己像次品一样展览。也许每个人对自尊的感受不同，但大多数人在这个问题上都很敏感。为了自尊，我们可以说谎；同样是为了自尊，我们不可将谎言维持得太久。因为真正的自尊是建立在不断完善自己的地基之上的，谎言只不是短暂的烟幕。

　　随着年龄的增长，心田的"谎言三叶草"渐渐凋零。我有时还会说谎，但频率减少了许多。究其原因，我想，谎言有时表达了一种愿望，折射出我们对事实的希望。生命的年轮一圈圈加厚，世界的本来面目像琥珀中的甲虫，越发千毫毕现，需要我们的更勇敢凝视。我已知觉的人生第一要素不是"善"而是"真"。那不是"谎言三叶草"的问题，而简直是荒谬的茅草屋了。对这种人，我们并不因为自己也说过谎而谅解他们。偶尔一说和家常便饭地说，还是有区别的。

（二）三叶草——生命的力量

　　坚强生活，顽强生存，是人生的信念。有了这样的信念，我们的生命才有了力量，我们的生活才充满阳光和希望。

　　看到春天里顽强生长的三叶草，兴致勃勃的感受春风，我感悟到，只要一颗心是充满阳光的，即使遇到愁苦的事，每当摸摸自己的一颗跳动的心脏就会给自己无穷无尽的力量，来自内心深处的力量是巨大无比的，因为这就是动力。

　　"野火烧不尽，春风吹又生"，这是小草的顽强；"孤舟蓑笠翁，独钓寒江雪"，这是古人的顽强；"零落成泥碾作尘，只有香如故"，这是腊梅的顽强；"千磨万击还坚劲，任尔东西南北风"，这是竹子的顽强；"大雪压青松，青松挺且直"，这是苍松的顽强……

　　每个人内心深处都有火烧般的力量，关键在于自己怎么去开发、挖掘深藏在内心深处的一股强劲火力。

　　顽强斗争是一种勇气，顽强拼搏是一种气概，顽强抵敌是一种精神。既如此，何不顽强？顽强也是一种生活态度，一种生命。

　　狂风巨浪来袭，倾盆大雨来围攻，有多半的人会吓得魂不守舍，此刻多数的人会担心自己的生命有这样那样的危险,还是找一个可以避风挡雨的地方先把自己给加上保险再说!而少数人却不会惧怕,任凭风吹雨打,依然要迎难而上,向大自然挑战,这种冒险的精神实乃难能可贵。

有时景物会影响你的心情,一株三叶草充满着生机与绿意,全身披着一件素气的小单衣,却演绎着生命力的伟大、诠释什么是顽强的生命力!此时此刻见到小小三叶草全身散发的一股力量之后,你看到了它,会给你无穷无尽的力量,小草乐观的心态会左右你的心情。

如果这时你心情沉郁,但只要摸摸这小小三叶草,看看它的衣裳,你会恍然大悟,人生之中其实每时每刻都像小草一样是富有生机的,不要被眼前的不如意的伤心事给伤了整颗心脏,要像小草一样顽强,人的一生不可能一帆风顺,但也要相信并不是每天都是狂风暴雨、永无宁日的。

有一种生命叫顽强,强在性格中,强在思想上,强在境界里……

语思:爱是不会老的,它留着的是永恒的火焰与不灭的光辉,世界的存在,就以它为养料。——左拉

2. 白前

一、简介

又名水杨柳、鹅白前、草白前、白马虎、石蓝。多年生

草本。高30~60厘米。根茎匍匐。茎直立，单一，下部木质化。单叶对生，具短柄；叶片披针形至线状披针形，长3~8厘米，宽3~8毫米，先端渐尖，基部渐狭，边缘反卷；下部的叶较短而宽；顶端的叶渐短而狭。聚伞花序腋生，总花梗长8~15毫米，中部以上生多数小苞片；花萼绿色，5深裂，裂片卵状披针形；花冠紫色，5深裂，裂片线形，长约5毫米，基部短筒状；副花冠5，上部围绕于蕊柱顶端，较蕊柱短；雄蕊5，与雌蕊合成蕊柱，花药2室；雌蕊1，子房上位，2心皮几乎分离，花柱2，在顶端连合成一平盘状的柱头。种子多数，顶端具白色细绒毛。花期6月。果期10月。

二、白前意蕴

庆幸、忍耐。

三、白前箴言

愿你自己有充分的忍耐去担当，有充分单纯的心去信仰。
请你相信：无论如何，生活是合理的。——里尔克

四、生长环境

白前生于300米以下低海拔的河溪旁、湖边、渠道、塘边、沟旁的潮湿地上，土壤一般为疏松的砂质土及壤土。

五、神奇药用

（一）功能主治

有降气化痰的作用。用于咳嗽痰多、胸满喘急。本品长于祛痰，降肺气，气降痰消，则咳喘胸满自除，无论属寒属热、外感内伤均可用之，尤以寒痰阻肺，肺气失降者为宜，常配半夏、紫菀等同用。若外感风寒咳嗽，则配荆芥、桔梗等宣肺解表之品，如止咳散；若内伤肺热咳喘，配桑白皮、葶苈子等；若咳喘浮肿，喉中痰鸣，不能平卧，则配紫菀、半夏、大戟等以逐饮平喘。

（二）相关文献

(1)《本草经疏》：白前，肺家之要药。甘能缓，辛能散，温能下，以其长于下气，故主胸胁逆气，咳嗽上气。二病皆气升、气逆，痰随气壅所致，气降则痰自降，能降气则病本立拔矣。白前性温，走散下气，性无补益。深师方中所主久咳上气，体肿短气，胀满，当是有停饮、水湿、湿痰之病，乃可用之，病不由于此者，不得轻施。白前中药材饮片。

(2)《本经逢原》：白前，较白薇稍温，较细辛稍平。专搜肺窍中风水，非若白薇之咸寒，专泄肺、胃之燥热，亦不似细辛之辛窜，能治肾、肝之沉寒也。

六、清新美味

（一）白前萝卜煮猪肺

材料：

白前10克，白萝卜400克，姜5克，盐4克，猪肺1具，料酒10克，葱10克，味精3克。

做法：

（1）将白前研成细粉；猪肺用盐和清水反复冲洗，用沸水汆去血水，切4厘米长2厘米宽的块；姜切片，葱切段；萝卜切4厘米见方块。

（2）将白前粉、猪肺、白萝卜、姜、葱、料酒同放锅内，加水2500毫升，用文火炖35分钟，加入盐、味精即成。

猪肺可用羊肺代替，同样具有润肺止咳的作用。

功效：润肺止咳、泻肺降气、肺虚咳嗽。

（二）白前紫菜汤

材料：白前20克，鸡蛋1个，味精3克，葱10克，紫菜50克，盐3克，姜5克，素油35克。

做法：

（1）将白前炒香研成细粉；紫菜用温水发透，洗净，撕成条状；鸡蛋打入碗中搅散；姜切片，葱切段。

（2）将炒锅置武火上烧热，加入素油烧六成热时下入姜、葱爆香，加水1200毫升，烧沸，加入紫菜、白前粉、鸡蛋，煮熟，加入盐、味精即成。

七、美好传说

　　一天，华佗行医来到江苏，他走到一个名叫白家庄的村子，下起了瓢泼大雨，华佗没法赶路，就住在村里一家姓白的老板开的客店里。这天晚上华佗刚睡到半夜，就被一阵孩子的剧烈咳嗽声惊醒。华佗起床叫醒店老板，说："这是谁家的孩子在咳嗽啊？""是住在小店后边那一家的孩子。"店老板回答说。华佗说："哎呀，这孩子病得厉害，如果不立即治疗，恐怕难活到明天中午啊！"店老板很不高兴，暗自思忖道："你这客人怎么不拣好话说啊，咒人家孩子死干吗？"华佗说："我叫华佗，是医生，听得出这咳嗽的声音不对了。"店老板一听他是医生，慌忙打躬作揖，笑着说："请你做做好事，救救那孩子吧，那孩子闹腾好几天了，怪可怜的。""你领我看看去。"店老板领着华佗转到店后边，敲开这家的门，说："这位是医生，我请他帮你们看看孩子。"那家人急忙请华佗进屋。华佗看了看病孩子的脸色，听听咳嗽的声音，又坐下切过脉，然后说："要救这孩子的命，需要一种草药。如果马上能找到，及时吃下，这孩子就能转危为安。"孩子的父亲说："得吃什么药，我现在去找。"华佗说："你点个灯笼照着，我帮你去找找。""哎呀，外边又下着大雨！""别多说啦，救人要紧，快走吧！"雨越下越大，满地的泥水，又滑又难走。华佗走在前面，孩子的父亲打着灯笼紧跟着，华佗在村子的前前后后到处寻找，就是没有找到他想找的药草。直到天快亮时，才在客店门前的一条小河边的土坡上，找到了几棵。华佗把它挖回来，切下根，用水洗干净，让孩子的父亲煎药给孩子喝，又把那药草的叶子留下来，说："你们拿这个做样子，天亮后再挖一些来，让孩子多吃几剂，病就可以除根了。这是止咳、祛痰的良药啊！""好啊，您放心吧。您忙了大半夜，快请先回去休息会儿。"人们都催促好心的华佗去歇息，就没有问这种药草的名字。第二天，病孩儿的父亲备了礼物，来到客店酬谢华佗。老板告诉他说："那位医生天一亮就走了。""哎呀，我还没好好地谢过他呢！也没问人家的姓名。""你知道他是谁？是华佗啊！""哎呀，怪不得医道那么高、心眼那么好，敢情是活神仙啊！"病孩的父亲按照华佗留下的叶子做样子，又挖了些药草来，煎给孩子喝，不久，孩子的病全好了。白家庄的人，从此也都认得那味止咳的药草了。不过，就是不知道它的名字。后来，大家一想：这种药草第一次是在白老板门前挖到的，就给叫它"白前"吧。从此白前就在民间传开了。

3. 白薇

一、简介

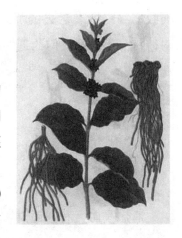

多年生草本，高 40~70 厘米，植物体内有白色乳汁。根茎短，簇生多数细长的条状根。茎直立，通常不分枝，茎密被灰白色短柔毛。叶对生；具短柄；叶片卵状椭圆形至广卵形，长约 5~10 厘米，宽约 2.5~7 厘米，先端短渐尖，基部圆形，全缘，上面绿色，被短柔毛，老时渐脱落，下面淡绿色。密被灰白色绒毛；叶脉在下面稍隆起。伞形花序腋生，小花梗短，下垂，密被细柔毛；花黑紫色，直径约 1~1.5 厘米；花萼 5 深裂，裂片披针形，外侧密被细柔毛；花冠 5 深裂，裂片卵状长圆形，先端钝，外侧疏生黄褐色细柔毛；副花冠 5 裂，裂片椭圆形，上部围绕于蕊柱顶端，与蕊柱几等长，下部与花丝基部相连；雄蕊 5，上部与雌蕊合成蕊柱；雌蕊由 2 心皮组成，两心皮略连合，子房上位，花柱四周有短柔毛，柱头位于蕊柱下。蓇葖果角状，纺锤形，长 5~8 厘米，宽约 1.5 厘米。种子多数，卵圆形，有狭翼，先端有白色长绵毛。花期 5~7 月。果期 8~10 月。

二、白薇意蕴

感受幸福。

三、白薇箴言

每天都有不一样的精彩，今天过去，明天又来，时间不曾停止，而我们终究会有老去的那天，离开的那天，所以认真过好每一天，对待每一天，把我们的遗憾降到最低，努力增长幸福感，才会不枉此生。

四、神奇药用

(一) 功能主治

清热凉血，利尿通淋，解毒疗疮。用于温邪、伤营发热，阴虚发热，骨蒸劳热，产后血虚发热，热淋，血淋，痈疽肿毒。

（二）相关文献

（1）《民间常用草药汇编》："清肺热。治吐血及老年咳嗽。"

（2）《南方主要有毒植物》："治肾炎、肺结核、尿路感染、水肿等。"

（三）实用妙方

（1）口腔溃疡

白薇30克，山萸肉10克，旱莲草10克，山药15克。将上药研末混匀，水泛为丸，每次6克，每日两次。

（2）黄褐斑

生地黄20克，薏苡仁15克，夏枯草10克，桑白皮10克，透骨草20克，枇杷叶10克。水煎外洗患处，每日一次，每次30分钟，7天为一疗程。

（3）失眠多梦

白薇20克，酸枣仁15克，柏子仁10克，黄连10克，磁石30克。水煎服，每日一剂，连用21天。

注意：不良反应，白薇甙能使心肌收缩力增强，强心功能较强，内服过量，可产生强心甙样中毒反应，中毒量一般为30~40克。临床使用切勿过量。

五、美好传说

战乱年间，老百姓是最怕当兵的。因打了败仗的兵，和土匪差不多，烧杀奸抢，无所不干；打了胜仗呢，当官的给他们放假，算是奖赏，更加放纵士兵去干坏事。所以，那年月的老百姓一听说打仗，就得赶紧逃避兵祸。

有一年，又打起仗来，周围几个村的人全跑光了，只有一个生病的人跑不了，他的妻子便陪他在家。两口子明知军队一过来没有好结果，但也只能听天由命了。这天夜里，妻子正煎药，忽听有人敲门："大哥，开门呀，救救我吧！"那声音很凄惨。妻子跟丈夫商量了一阵，就把门打开了。只见一个衣帽脏乱的士兵，走进门来便跪下恳求道："大哥大嫂，快救命！""你这是怎么啦？""我们败啦！弟兄们死的死、逃的逃，就剩下我一个。大哥要有旧衣裳给我换一身吧，不然被那边抓去就得杀头。"病人很是同情这个士兵，就叫妻子找了一身衣服给他换了。病人的妻子还把士兵换下的军衣扔进了门外的水坑。一会儿，一队人马冲过来，把这家的房子围住了。一个兵头凶狠地闯进门，问道："你家藏着外人没有？""没有。"兵头揪住妇女，又问："那两个男人都是谁？""床上躺着的是我丈夫，他正闹病；这位是请来的医生。你看，这不正在煎药吗？"兵头一脚把药罐子踢翻，又命人把他们三个拉到门外一通乱打。那伙当兵的趁机一拥进屋，能拿的拿，能装的装，最后把房子点着了火才走。等这伙人走远，逃难的士兵帮着病人的妻子把火扑灭，又抢出了一些粗重的家具。

然后，他哭着说："大哥大嫂，你们为救我受了害，太对不起了。"病人说："别提了，反正我这病也没法治，活一天是一天吧！""你得了什么病？""浑身发热，手脚无力。""多长时间啦？""躺了整整一年。""请过医生没有？""请过好多位医生了，吃什么药也不好。"落难的士兵走上前，按住病人的手腕切脉。过了会儿，他说：

"这病我能治。等天亮了我去找药。"

第二天，士兵挖回几颗椭圆形叶子，开紫褐色花朵的野草，说："大嫂，你把根子洗干净，煎了给大哥吃。然后照样多挖一些，让大哥多吃几天，病准好。""谢谢你啦。""谢什么，多亏你们夫妻救了我。时候不早，我得走啦！"病人急忙说："留个名字吧，以后咱们当朋友来往。""我叫白威。只要不死，准来看你们。"说完，落难的士兵走了。病人的妻子煎好了药，丈夫吃完觉得浑身舒服了许多。

以后又连吃了一个月，他的病真好了。逃难的乡亲们回村后，都问病人怎么好的。病人说："有个朋友送了药。""什么药？""就是这种草。""叫什么名字？""他可没说。不过，他答应还来看我的，到时候再问吧。"可是，过了许多年白威也没来。为了纪念白威，就用他的名字称呼他传的药草，不过写成"白薇"了。

4. 百里香

一、简介

百里香是唇形科下的一属，包括大约350种多年生的芳香草本植物。最高约40厘米，生长在欧洲、北非和亚洲。一般是茎部窄细的常绿植物，小叶对生，全缘，

呈椭圆形。花顶簇生；花萼不规则：上缘分三瓣，下缘裂开；花冠管状，4～10毫米长，呈白色、粉色或紫色。叶子为轮生，巧妙地生长在茎上，自上而下俯视，宛如一朵朵翠绿的鲜花。花很小，萼片呈绿色，而花冠却是最典雅的紫色和白色，花瓣的形状犹如美人的半片樱唇，娇俏的生在繁密的绿叶之间。

二、百里香意蕴

勇气、吉祥如意。

三、百里香箴言

当你连尝试的勇气都没有，你就不配拥有幸福，也永远不会得到幸福，伤过，痛过，才知道有多深刻。——三毛

四、生长环境

百里香为半灌木，茎叶有香味。常作为花镜、花坛、岩石园、香料园栽植或向阳处地被植物。

五、功能效用

（一）神奇药用

功能主治：祛风解表，行气止痛，止咳，降压。用于感冒，咳

嗽，头痛，牙痛，消化不良，急性胃肠炎，高血压病。改善消化系统及妇科疾病，促进血液循环，增强免疫力，减轻神经性疼痛，抗菌。帮助伤口愈合，治疗湿疹及面疱肤质。活化脑细胞，提升记忆力及注意力，抗沮丧及抚慰心灵创伤。对头皮屑和抑制落发十分有效。抗菌、抗痉挛、抗昆虫毒液、杀菌、强身、促结疤。强化神经、预防作噩梦。

（二）饮用调味

叶片可结合各式肉类、鱼贝类料理，泡茶能帮助消化、消除肠胃胀气并解酒，浸剂中加蜂蜜可治痉咳、感冒和喉咙痛。泡澡亦有舒缓和镇定神经之效，提炼精油有杀菌作用，并可加入雀斑膏制作，具消除雀斑、修化老化皮肤，亦可用于制作香皂和漱口水的材料，或泡成花草茶饮用。

六、清新美味

（一）柠檬百里香烤翅根

配料：鸡翅根500克（约9个），新鲜柠檬1个，大蒜2瓣，洋葱50克，辣椒粉1小勺（5毫升），新鲜百里香碎末1小勺（5毫升），植物油2小勺（10毫升），盐2克，黑胡椒粉1/2小勺（2。5毫升）

烘焙：烤箱中层，上下火220℃，约30分钟。

制作方法

(1) 鸡翅根洗净并用纸巾擦干水分。柠檬对半切开挤出柠檬汁

（1个柠檬大约可以得到50毫升柠檬汁）。

（2）把挤出的柠檬汁全部倒在翅根上。翻动翅根使柠檬汁均匀的沾在翅根上。腌渍15分钟，腌渍的过程中翻动1~2次。

（3）腌渍柠檬翅根的时候准备其他腌料。把大蒜切成蒜末，洋葱切成碎末，和百里香碎末、植物油、辣椒粉、盐、黑胡椒粉等调料一起混合均匀即成腌料。

（4）翅根腌好后，倒掉柠檬汁并把翅根沥干。把腌料倒在翅根上，翻动翅根使腌料均匀裹在翅根上。把翅根放入冰箱腌渍2个小时（如果时间紧，可减少腌渍时间的，至少腌渍半个小时以入味）。

（5）腌好的翅根，用刮刀或勺子刮干净表面的调料，放在烤盘上，放入预热好上下火220℃的烤箱，烤30分钟左右即可。

（二）新鲜百里香草茶

材料（以一壶茶计）：500毫升沸水、新鲜百里香叶1支（剪来泡茶的枝叶不要太短，最好在7厘米以上）夜来香5克、月见草3克、金莲花3克。

做法：

（1）先把要用的茶壶和茶杯温热，然后依人数在茶壶里放进香草。把刚沸腾的水慢慢倒进壶中。

（2）盖上壶盖，由于叶片和花卉比较容易渗出精华，闷的时间要稍短些，大约静置3分钟，即可充分浸出香味。

（3）轻轻地左右晃动茶壶，使茶的浓度趋于均衡，然后用滤茶器慢慢把茶水倒入杯中。夜来香、金莲花之类的花适合较小的滤茶器，以免倒出渣滓。功效：美颜抗衰老，清热解毒。

七、美好传说

（一）古希腊有个传说，思春的少女只要在衣裳上绣上百里香的图样，或身上配带一株百里香，便意味着要寻找爱人，等待追求者的示爱。害羞的男人，只要喝杯百里香茶，就能鼓起勇气，追求所爱。

（二）16世纪的一位吟唱诗人，称百里香的香气为"破晓的天堂"，因为它闻起来清新迷人、自然舒服，有如天堂般的纯洁美丽。

传说，百里香和最妖艳、最美丽，曾引起历史著名战争"特洛伊战争"的斯巴达王妃海伦有关。希腊神话中，百里香是海伦的眼泪。倾国倾城的海伦王妃，是斯巴达王后丽妲和天神宙斯所生的女儿，由于她非常美丽，追求她的王公贵族不计其数。海伦的养父斯巴达国王为了避免大家为了争夺海伦而战，就将她嫁给了新任的斯巴达国王梅尼劳斯，成为斯巴达的王后。

平静的日子没过多久，一位英俊的特洛伊王子帕里斯来到斯巴达，一见到王后海伦之后，就对她深深的着迷，他想尽一切办法接近海伦，对她吐露爱意，海伦也被他的英俊所吸引，不自觉地爱上了他。于是两人相约逃往特洛伊。可是，两个年轻人怎知道，这场私奔却引来了长达10年的特洛伊战争。

当特洛伊终于灭亡，帕里斯战死之际，海伦不禁凄然流下了晶莹的泪珠，泪珠落地幻化成百里香，而泪珠在她脸庞轻轻滑落的神情，令许多特洛伊战士神魂颠倒并誓死保护她。因此，从那时起，百里香就被赋予勇气和活力的象征，妇女在心爱的武士出征前，会送上一枝百里香，传达爱意并且鼓舞对方的勇气。

5. 半枫荷

一、简介

半枫荷，国家二级保护植物。中国特有物种，具有枫香属和蕈树属两属间的综合性状，对研究金缕梅科系统发育有科学价值。现残存于中国南部和东南山区，受人为破坏严重，加之天然更新不易，保存植株极少。现状：稀有种。半枫荷是1962年发现的新属的模式种。现残存于中国南部和东南部山区。因天然林分受人为干扰严重，分布范围越来越窄，保存的植株也较稀少。

二、半枫荷意蕴

适应。

三、半枫荷箴言

一个人最高的本领就是适应客观世界的能力。——爱因斯坦

四、生长环境

生于砂质土山坡、平原、丘陵地疏林或密林中。

五、神奇药用

(一) 功能主治

祛风除湿，活血消肿。治风湿痹痛，腰肌劳损，手足酸麻无力，跌打损伤。民间则用半枫荷的根或叶煎汤，作全身或局部汤浴。经长期广泛实践，证实疗效显著。民间广泛用于：风寒所致身痛，手足麻木，半身不遂，腰腿疼痛，疲劳跌损及皮肤瘙痒等症。

(二) 相关文献

(1)《岭南采药录》：善祛风湿，凡脚气、脚弱，以之浸酒服。

(2)《常用中草药手册》：治风湿痹痛，腰肌劳损，跌打瘀积，产后风瘫。

(三) 半枫荷药酒

健康提示：

本品具有祛风湿、强筋骨、止痛之功效，适于类风湿性脊椎炎、腰肌劳损及关节扭伤等症患者饮用。

半枫荷酒的制作材料：

主料：五加皮150克，何首乌150克，当归150克，陈皮100

克，川乌头100克，牛膝100克，半枫荷150克，阴香皮150克，千斤拨150克。

辅料：蔗糖。

（1）将半枫荷、五加皮、阴香皮、首乌、千斤拨、当归、橘红皮、熟川乌、牛膝切成片置瓷缸内；

（2）加入糖波酒，后蜜封浸泡2~3周（夏季可减少几天，冬季可增几天）然后过滤去渣即成。

食物相克：

何首乌：何首乌忌猪肉、血、无鳞鱼、葱、蒜，恶萝卜。

陈皮：陈皮不宜与半夏、南星同用；不宜与温热香燥药同用。

川乌头：川乌头反半夏、瓜蒌、川贝母、浙贝母、白蔹、白及，恶藜芦，忌豉汁。

六、美好传说

贵州黔东南州，这里常年雾气弥漫，冬季阴冷，有"天无三日晴"之说。但当地患骨关节疾病的人却极少。原来当地的深山老林中生长着一种神奇树，叫半枫荷，它的叶子，一半形似枫叶，另一半似荷叶，因此被称作"半枫荷"。而它的药效奇特。

这个神奇的植物用于骨关节病的历史可以追溯到三国时期诸葛亮七擒孟获时。孟获当时是苗族的苗王，建兴三年，苗王孟获大起蛮兵10万，犯境侵略。诸葛亮亲带50万大军到益州的建宁（当今的黔东南州一带）讨伐孟获。

因为山高路远加上气候潮湿多雨，很多士兵患上了严重的骨关节病，患病的士兵浑身酸痛无力、关节肿痛、手足麻木，军医一时束手无策，军中人心惶惶，诸葛亮忧心如焚。一段时间后诸葛亮发现有几个士兵的症状变好，细问之下，原来他们疼痛难耐，浑身酸痛，就在扎营不远的雷公山上一眼温泉浸泡，泡完后感觉这种浑身酸痛、关节肿胀、手足麻木的症状也消失了。在他们的带领下，诸葛亮找到了这眼温泉，这一眼温泉怎么能让众多的患病士兵浸泡呢？诸葛亮看了看周围发现长满了一种奇怪的树木，它的叶子，一半形似枫叶，另一半似荷叶形状，有很多叶子都掉在水里，散发出一阵阵的异香，诸葛亮心中一动，让军医采了一些回去，用水煮后给患病的士兵泡澡，结果很快痊愈，军心大振。这种神奇的植物为诸葛亮七擒孟获立下了大的功劳，诸葛亮为这种植物取名为"半枫荷"。

七、气质美文

草与花，生命的平等

　　玫瑰有着奔放的鲜艳；大树有着盎然的生机；青山有着巍峨的体格；这些都着实装扮着大自然，但你是否注意过玫瑰边、大树旁、青山上都有着它们大片的队伍。

　　"没有花香，没有树高"歌词中是这样写的，且现实也是如此。但在我眼里，从某种角度来看它比花香，它比树高。

　　请你试想一下，一片广袤的泥土上种满了玫瑰，在另一片泥土上是先种上了小草后再种满了玫瑰，想必是后者更为浪漫，有情调吧，然而它们的区别又在于有了小草的陪衬，虽然小草只是个配角，但有了它，就更能衬托出花儿的鲜艳与娇美，反而体现出了鲜花的价值。

　　这就好比在《西游记》中，沙僧的台词被人就总结为几句话，但他并不是可有可无的，他是忠诚于佛教的代表。小草的价值和不也是如此，难道小草就不必花香了吗？

　　"野火烧不尽，春风吹又生"这是白居易赞美小草时写的，突出了小草顽强的生命力，然而即使是大树，被砍掉了以后就很难在生长出来，给人一片惬意的绿荫了，虽说小草不能够给人一片绿荫，但至少它也可以给你惬意的感受：多少孩子在草地上奔跑累了不都躺在柔软的草地上休息；多少孩子不再周末同父母一起到公园的草坪上野炊；多少孩子因考试没考好而默默地哭泣；多少孩子没有过和自己喜欢的朋友在夏夜里躺在草地上数星星呢？草地就如同母亲，有着无私的母爱，为草地上的每一个孩子抚平伤痛；草地也如同一部成长录，记录着每一个孩子快乐的童年时光，从某种意义上来说，草儿的精神没有树高吗？不，它们是平等的。有这样一个故事：

　　一个在柏林饱受歧视的波兰学生曾去拜访爱因斯坦，请爱因斯坦为他写一封推荐信，使他能够顺利地在柏林求学。问清缘由后，爱因斯坦答应了他的请求，为他起草了一份热情洋溢的推荐信。

　　拿到推荐信之后，满怀感激之情的年轻人又提出了一个请求："能不能给我一张有您签名的相片？"

　　他要永远记住这个慷慨帮助他的名人。

　　"好的，"爱因斯坦接着说，"但是你得答应也送我一张有你签名的照片，这样才平等。"

　　就是这句话，改变了这位青年的一生。拿到推荐信后，这个年轻人顺利进入了柏林一所名牌学校。他发愤学习，毕业后成为爱因斯坦的得力助手，并且以一篇《麦克斯韦场方程的非线性概括》扬名天下。他就是后来饮誉物理学界的科学家英费尔德。

很多年后,英费尔德回忆起这件事,依然泪流满面:"他的话使我感到平等并给了我自信,他的话是我前进的强大动力。"

玫瑰美丽,大树美丽,青山美丽,我是想说小草也美丽,请勿忽视它,请勿偏心爱自然界中的每一件事物。将你的爱平均分给每一样事物吧。清晨的阳光是那样的闪亮,穿过阳台门照射进来。门外是充满温暖阳光的广阔世界,是一个个生命和一份平等,生命之间那种最最可贵的平等。

每当我想起她,总会感到很幸福,而且十分自豪,因为我创造了一份平等。我想我们是互相理解、互相信任的,更是互相平等的。平等在我和她之间,也应在人与人之间,因为:生命都是平等的。

6. 宝塔花

一、简介

宝塔花,瑶莸属,药称为"文对咪",又名兰香草、莸、山薄荷、卵叶莸、马蒿、煎刀草。一年生草本,高8~30厘米。茎多数,四方形,自匍匐茎上发出,被激柔毛,花期6~8月,果期8~10月。宝塔花是

一种园艺花，也是一种常用植物药，它具有清热解毒、消肿止痛、散瘀、止血、祛风、止痒、止痢的作用。

二、宝塔花意蕴

嫉妒

三、宝塔花箴言

我们破灭的希望。流产的才能。失败的事业。受了挫折的雄心，往往积聚起来变为忌妒。多和自己竞争，没有必要嫉妒别人，也没必要羡慕别人。很多人都是由于羡慕别人，而始终把自己当成旁观者，越是这样，越是会把自己掉进一个深渊。你要相信，只要你去做，你也可以的。

四、生长环境

生于路边、沟旁、空旷草地上、林缘、灌丛中。

五、神奇药用

功能主治：清热解毒、消肿止痛、散瘀、止血、祛风、止痒、止痢。

传统应用：治感冒头痛、白喉、咽喉肿痛、细菌性痢疾、肠炎、血崩、乳腺炎、跌打损伤、荨麻疹、过敏性皮炎。它富含维生素C，膳食纤维和类胡萝卜素。

白酱宝塔菜花的做法：

原料：宝塔菜花250克、淡奶油50毫升、糖粉10克、芥末黄酱1大匙、盐2克、巴西利碎（香芹片）1/4小匙。

制作方法：

（1）宝塔菜花洗净后掰小块后沥干水分备用（根茎处可打十字刀便于入味）；

（2）蒸锅做水，水开后笼屉上放入宝塔菜花，在菜花上撒上少许海盐，然后盖盖儿蒸制3分钟；

（3）淡奶油加糖粉打至6~7分发；

（4）在淡奶油中加入一大勺芥末黄酱搅拌均匀；

（5）在酱中加入巴西利碎和盐；

（6）搅拌混合均匀后淋在出锅的宝塔菜花上制作完成；

六、美好传说

（一）宝塔花

天上有一颗流星掉了下来。当流星掉到地上破碎的时候，从流星壳里，蹦出10个小精灵。

他们是10个快乐的小精灵。小精灵们很想再回到天上去，住到星星里。可是，要回到天上去，需要一架天梯呀，没有天梯，他们怎么能爬到天上去呢？

不用担心！小精灵的本事可大着呢！他们说："我们能够种出一个天梯来！"

这些小精灵想在地上种一棵植物，让它不断长大，长高，一直长到天上。这样，他们不就可以沿着植物的茎，爬到星星上去了吗？

有一个小精灵刚好有一颗天梯的种子，它拿出来之后，种在地里，浇上水，种子马上就发芽了。很快，这个芽便长得很大了，有紫花开了出来。这颗"天梯"上的花，就像一个尖尖的宝塔，会一直往上长，往上长。这颗奇妙的植物的名字其实就叫宝塔花，也就是小精灵们说的"天梯"。

这10个小精灵里面，有一个跑去采集露水来灌溉宝塔花，有两个采了花来陪伴宝塔花，剩下的小精灵组建了一支乐队，他们弹奏美妙的音乐，让宝塔花听到之后能快快成长。

宝塔花一直长啊长，很快，就能够伸到天空了。到了那时候，10个小精灵就可以沿着宝塔花爬到天空了，挑一颗特别干净、特别安静的星星，住下来。

在小精灵走了之后，只要有人一直用露水灌溉宝塔花，给它弹奏美妙的音乐，给它唱歌听，宝塔花就会一直长在那里。这样一来，地面上的小朋友们也可以沿着宝塔花爬到天上，到天上找小精灵们去玩耍了。

7. 冰凌草

一、简介

冰凌草又名冬凌草，小灌木，系唇形科香茶菜属植物碎米桠变种，因其植株凝结薄如蝉翼、形态各异的蝶状冰凌片而得名。全株结满银白色冰片，风吹不落，随风摇曳，日出后闪闪发光，展现出神奇的自然景观，具有独到的观赏作用。具有清热解毒、消炎止痛、健胃活血之效。

二、冰凌草意蕴

最真诚的爱。

三、冰凌草箴言

有了真诚，才会有虚心，有了虚心，才肯丢开自己去了解别人，也才能放下虚伪的自尊心去了解自己。建筑在了解自己了解别人上面的爱，才不是盲目的爱。——傅雷

四、神奇药用

临床上曾试用于食管癌、贲门癌、肝癌、乳腺癌等，有明显缓解症状、稳定及缩小瘤体、延长生存期的效果。与化疗配合应用，可提高疗效，减轻化疗药物的不良反应。此外，对急性咽喉炎、化脓性扁桃体炎、慢性支气管炎、蛇虫咬伤等亦有效。

五、美好传说

话说唐玄宗胞妹隆昌公主，深得太后和玄宗皇帝怜爱，不想忽

患疾腹肿胀，折磨得面黄肌瘦弱。直急得太后、皇兄坐卧不宁。其时，孙思邈已经十分出名，孙思邈秘不示方，众人只知真人以一种奇苦之汤让公主服用，不多时日，隆昌腹肿渐次消去，人也出落得如出水芙蓉，明艳照人。朝廷上玄宗兑现榜上诺言，孙思邈医好公主，居功之巨，宫中宝物尽其所选，如未婚配，可选驸马。孙思邈沉思片刻，说："谢主隆恩，小人只需龙袍一件。"玄宗大怒："皇室珠宝，冠绝天下，胞妹隆昌，玲珑剔透，臭道士却视同无物，只要龙袍，莫非欲得朕之天下。"孙思邈面色从容："万岁为人王，我为药王足也。"玄宗不违诺言，慨然允诺。孙思邈不愿久留皇室，遂回王屋山采药行医。朝廷上下，民间草莽，皆称他为药王孙真人。却说隆昌公主为睹药王身影风姿，遂得皇兄恩准，至王屋山阳台宫，修道号"玉真公主"。玉真公主不时帮助孙真人整理医籍药方，窥得孙思邈药方中养颜秘诀，坚持使用，风华绝代，容颜永驻，疑为人间观音。药王孙思邈深得神草药力，身轻体健，年过百岁仍采药行医，直至104岁身无疾而终。

六、气质美文

冰凌草使者

　　过完了漫长的冬季，眼看着春风已经亲吻了枯枝，正欣喜的拥抱大自然发泄一下心中的抑郁，却忽然感觉更郁闷了。

　　唉，是我病了吗？忽然怎么就抑郁了呢？

　　我拖着这空空的躯壳，怎么也算经历了30多个严冬酷夏，也曾经去过不少谈不上的海角与天涯，尝受过多少辛劳和艰苦，从不知疲倦和痛苦，可现在就躺在这床上反复的想啊，想啊，辗转反侧无眠了，感觉也许自己是抑郁了？病的不是躯壳，而是一颗病着的心吧？

思绪不知不觉飞出了躯壳，随视线到了窗外，在这雪花儿飘飘的乍暖还寒的北方的初春，对着这清雪儿，细细的，晶莹的，若断若续的，调皮地亲吻着家乡的春天，家乡的山河和田野，也亲吻着家乡人的脸。哦，想想这些，不，是认真地想了想这些感觉还是没有提起多少兴趣儿，也许因为自己真的是抑郁了？不，不会的，呵呵，还是让自己的心绪平静一点，让自己的思想再懒惰一些，不想了，还是不要让自己想这些了吧，想的我的头好痛，痛的要炸开，喉咙里干燥的像要迸出火花来，真希望这外面飘的不是早春的清雪儿，最好是夏雨来浇到我的头部的炙热。

是啊，早春了。咦，突然情不自禁的想起咱家乡的冰凌花儿来，它可正是在类似这样的春天孕育成熟呵！

北方的初春，除了雪花儿，就没有比冰凌花开的更早的花儿了，倘若说我喜欢这北方的初春，还不如说我是完全爱这叫做冰凌花的精灵吧！呵，可爱的冰凌花儿，完全是以它的稚嫩的身躯，却顽强的生命力，娇美的颜色，倔强的性格，让世人惊叹服！

它是早春的使者，披着雪花儿，顶着冰凌就来了，开在山坡上，开在山脚下，钻透铁皮一般的冻土，傲然独放，娇嫩的花朵金子般的悠然绽开！一片片，一簇簇，黄澄澄，金灿灿。走近它，仔细欣赏它，淡绿的花蕊，纤细的花蕊，花瓣上含着晶莹的水珠儿，经历严寒，饮冰纳雪，冰清玉洁，宛如秀丽端庄的乡村女孩儿，凝结着凄美的花容，愉悦着她那纯净的目光，你也一样会醉心于她那美妙的清凉；不屑冰雪风霜，却千回百转于她的热心柔肠；没有高枝相依，却能凌寒开放；没有硕大的绿叶的衬托，却依然纤尘不染；没有阳光的颜色，却有千姿百态。就这样，她打破了隆冬留给人们的沉寂，绝对构成了冬春之交的一道靓丽的风景线！想到这，郁闷的心情豁然开朗。

冰凌花儿，可爱的冰凌花儿，医学里的富贵草，冰天雪地里绽放出美丽的容颜，无愧于"林海雪莲"的美誉之称，虽没有梅花儿阳春白雪的富贵风范，但却不失民间公主的儒雅，人们常说，美人儿花为貌，但花永不胜人，这大概就是借花儿羡人的道理吧。

冰凌花儿开了？不，是开在了心里；不，早春到了，这飘起的晶莹的雪花儿，若断若续地落在北方的早春时节，冰凌花儿还会远吗？正是：

平分冰凌蕾苞去，

拆破春风四面开。

待得春浓花已老，

不如携手雪中聚。

8. 菠菜

一、简介

菠菜，藜科菠菜属一年生或二年生草本。又称波斯草。菠菜原产伊朗，唐时传入中国，为普遍栽培的蔬菜，几乎一年四季上市供应。它是一种营养丰富、味道鲜美的佳蔬。菠菜主根呈红色，粗而长，味甜。叶椭圆或箭形，浓绿色，叶柄长，肉质，是人们喜食的常用蔬菜。以叶片及嫩茎供食用，2000 年前已有栽培。后传到北非，由摩尔人传到西欧西班牙等国。菠菜 647 年传入唐朝。菠菜属耐寒性蔬菜，长日照植物。

二、菠菜意蕴

平心静气。

三、菠菜箴言

能静下心来，便能沉淀生命中的种种浮躁，获得难得的喜悦。

四、神奇药用

（一）功能主治

补血止血、利五脏、通血脉、止渴润肠、滋阴平肝、助消化、主治高血压、头痛、目眩、风火赤眼、糖尿病、便秘等病症。具有润燥清热、下气调中、调血之功效。适用于胸膈闷满。菠菜擅于清理肠胃热毒，我国医学家认为菠菜性甘凉，能养血、止血、敛阴、润燥，菠菜还能刺激肠胃、胰腺的分泌，既助消化，又润肠道，有利于大便顺利排出体外，避免毒素进入血液循环而影响面容，使全身皮肤显得红润、光泽。

（二）相关文献

(1)《食疗本草》："利五脏，通胃肠热，解酒毒。"
(2)《本草纲目》："逐血脉，开胸隔，下气调中，止渴润燥。"

五、清新美味

（一）碧绿海鲜汤

原料：菠菜120克、鲜虾250克、鱿鱼200克、鸡蛋1个、淀粉2汤匙、盐适量、胡椒粉少量。

做法：

(1) 将菠菜去根部洗净，用开水焯一下，捞出沥干；
(2) 将焯过的菠菜放入搅拌机中加入1杯水搅碎；
(3) 将搅碎的菠菜汁滤出渣得到菠菜汁待用；
(4) 鲜虾去壳去泥肠，背部剖开1/3，去除虾线；鱿鱼剖开腹部去内脏，在内侧用刀斜切十字花刀，注意切到肉的厚度的2/3即可，不要切断，然后切成小块待用，鸡蛋打散待用；锅中放入足够多的水，大约5碗，烧开以后，放入虾及鱿鱼煮熟；
(5) 加入菠菜汁和鸡蛋液煮开，鸡蛋液放入以后要搅拌，使鸡蛋呈絮状；
(6) 淀粉用少量水调开，倒入汤中，使汤变得粘稠，最后用盐和胡椒粉调味即可。

（二）鸡蛋菠菜饼

原料：菠菜泥1小碗、鸡蛋4个、盐适量、胡椒粉少量、橄榄油。

做法：

（1）鸡蛋打散，加入适量盐和胡椒粉，在菠菜泥中加入少量盐和橄榄油调匀；

（2）选择一个较小的平底锅，烧热以后放入少量的油，倒入一半的鸡蛋液，用小火煎至表面的蛋液稍微凝固；

（3）将菠菜泥铺在蛋液至上，抹平，再倒入另一半的蛋液，用小火继续煎；

（4）当蛋液表面凝固以后，用一个稍大的盘子扣住平底锅口，翻转过来，再将蛋饼推入平底锅中，将另一面煎熟；

（5）将煎好的蛋饼切成小块，摆盘，用番茄酱或者芥末酱蘸食即可。

（三）菠菜粥

材料：菠菜、大枣各50克，粳米100克。

做法：

（1）将粳米、大枣洗净，加水熬成粥。

（2）熟后再加入菠菜煮沸即可。

此粥营养丰富，具有健脾益气，养血补虚的功效，常用于治疗缺铁性贫血，每日1次，连服数日。

特别提醒：

菠菜的维生素含量高，铁、钙等物质含量也不低，正是它本身有太多的优点，所以又些食物是不能与之同食。菠菜跟有些含钙高和含铁质高的食物一起同食，容易引起结石病，这点可要注意了，菠菜还有一些禁忌，下面给大家一一介绍。

（1）菠菜不能与黄瓜同吃：黄瓜含有维生素C分解酶，而菠菜含有丰富的维生素C，所以二者不宜同食。

（2）菠菜不宜与牛奶等钙质含量高的食物同食。

（3）菠菜不能和豆腐在一起吃：因为菠菜是含有大量的草酸，而豆腐则含有钙离子，一旦菠菜和豆腐里的钙质结合，就会引起结石，还影响钙的吸收。如果一定要吃的话，就把菠菜用开水烫一下就可以了。

（4）菠菜不宜炒猪肝：猪肝中含有丰富的铜、铁等金属元素物质，一旦与含维生素C较高的菠菜结合，金属离子很容易使维生素C氧化而失去本身的营养价值。动物肝类、蛋黄、大豆中均含有丰富的铁质，不宜与含草酸多的苋菜、菠菜同吃。因为纤维素与草酸均会影响人体对上述食物中铁的吸收。

（5）菠菜不能与黄豆同吃。若与黄豆同吃，会对"铜的释放量"产生抑制作用，导致铜代谢不畅。

六、美好传说

贞观二十年（公元647年）进贡菠菜，当时称其为菠棱菜。不过炼丹的道士称其为波斯草，并特别喜欢吃菠菜。原因据说是吃菠菜可以化解服食丹药后带来的不适感。唐太宗也许喜欢吃菠菜，因为他也喜欢炼丹吃丹药。菠菜有补血之功效，还能减少汞中毒带来不利影响。

菠菜有很多别名，其中有一个别名就是红根菜（见《滇南本草》）就取的其根的颜色。还有个别名叫鹦鹉菜，也是由此（更形象些，菠菜翠绿，紫红根，就如一个巧舌鹦鹉）。

说到鹦鹉菜，不得不提及双峰县走马街镇的"水豆腐菠菜汤"趣传。说是乾隆下江南时，微服私访。路过双峰走马街，饥渴难耐，于是和随从在一户农家用饭。农家主妇从自家的菜园里挖了些菠菜。给皇上做了个菠菜熬豆腐。乾隆食后颇觉鲜美，极是赞赏。饿了吃什么都香，否则传说中朱元璋吃的翡翠白玉汤（臭豆渣，剩汤）都当成无比的美味。但也说明农家主妇手艺的确不错。乾隆问其菜名，农妇说："金镶白玉板，红嘴绿鹦哥"。乾隆大喜，封农妇为皇姑，从此菠菜多了个别名叫鹦鹉菜。

菠菜生命力顽强，在寒冬之日，依然不凋（零下15度才枯萎，其根零下35度依然存活）。苏轼在一首诗中写到"北方苦寒今未已，雪底波棱如铁甲"。就表明菠菜的耐寒，菠菜如同披了铁甲一样不怕冻。

9. 彩叶草

一、简介

彩叶草，又名五色草、锦紫苏、洋紫苏、紫苏、老来少、五彩

叶等，为唇形科鞘蕊花属多年生宿根草本植物，是一种典型的彩叶植物。类别：多年生草本植物——观叶类花卉。其叶片鲜艳多彩，叶面色彩的变化极多，色彩对比鲜明，观赏价值极高，是目前园林造景常用的观叶植物。其叶还能入药。彩叶草的叶色表现是遗传因素和外部环境共同作用的结果，通过改变植物叶片中各种色素的种类、含量以及分布形成了多彩的叶色。产地分布：原产于印度尼西亚的爪哇岛。

二、彩叶草意蕴

绝望的恋情。

三、彩叶草箴言

一个人的生命就像是一盏灯的油，而一个人的信念就是他生命之灯的烛芯，油再多，而烛芯太短，那么这盏灯也不会亮多久。如果有足够长的灯芯，那么即使油已经用尽了，灯芯还会在油尽之后持续发出一段没有火焰的红光。人生就像一盏灯，生命是油灯，而信念是灯芯。人生的灯能亮多久，不仅仅取决于生命的灯油，而且更取决于信念灯芯的长短。让信念的灯芯贯穿我们整个生命，这是让我们的人生闪烁出全部灿烂的唯一秘密。

四、生长环境

常用于花坛、会场、剧院布置图案，也可作为花篮、花束的配叶。繁殖方法为播种和扦插，喜温耐寒适应性强，注意病虫害防治。

五、古韵

草

东风吹过身前绿，野火烤焦身后名。
笑对枯荣鸿羽重，漫经冷暖泰山轻。
标新立异原三梦，就简删繁此一生。
或缺或圆秦帝月，千秋不老是长城。

六、气质美文

醉在初春的季节

冰雪融化，种子发芽，果树开花。万物复苏，空气里洋溢花朵的清香，安静下来，感受春天的气息。

暖暖的阳光普照着街道的每个角落，站在蓝蓝的天空下，感受一席清风轻拂飘过，扬着岁月的尘埃，严寒的冬日已经过去，风中的杨柳也在吐出新的枝芽，如花笑靥的季节，看岁月悄无声息地走过又一轮年华，又是一年新的开始，静听风吟，岁月静好，且温馨而怡然。

　　季节更替，回想经年那些时日，看百花盛开。喜欢在那花丛中张扬着艳丽的瓣瓣花香，品味各种花草混合的味道，深深呼吸着如梦幻般的世界，站在花的世界，一种怎样的心情，无法言语欢愉的境界。还有那混着泥土清香的小草，伸着懒腰，探头探脑的样子。这渲染春的浪漫，就这样静静的感知春天，品味着春天。

　　徘徊和无措，岁月的字典里，却看不见最艳丽的那笔色彩，时光的打马而过。我从期待中慢慢平淡，飘逸碧空云端，只想把那烦心之事忘之云烟。芳香四溢，春色无限，一场俗世的相逢，惊艳了季节芬芳春暖花开，细雨过后，绕过枝头一层又一层的雾水，深望岁月的窗棂，繁华过后，仍依稀倾见春暖的淡淡暗香，浅笑嫣然，尘埃的纸笺上，静看陌上淡淡花开。

　　寻一缕清香，喜欢寻找春天的一方蓝天，岁月飞扬的路口，游离春光明媚，生活在流连忘返的故乡，看春天的种子播撒大地，看春天的气象万新，喜欢这春天的化身，浅足快乐，听春雨的淅淅沥沥，向往春水的小溪潺潺，"一夜春风至，万树梨花开"。沐浴春光，荡漾在温馨的春洋。

　　云雾缭绕，天气晴朗，行走在春天的意境里，温馨醉人。喜欢看那葱葱绿绿的山水，品味大自然的灵气。万物复苏，春暖大地，心也就像仙露的花草萦绕着妩媚。伸开手如梦幻般行走粉色的庄园，深深地呼吸，漫步在花开的春季，如此的良辰美景，乐不思蜀，置身美景，微风袭来，花瓣千姿百态，青青的大自然，尽情欢愉吧，花香怡然，如此明媚。

　　踩踏故乡的青石板上，静听流水轻快的欢歌，和风缓缓倾泻，临水而立，蝶儿从身旁掠过，闭上眼倾听鸟儿轻快欢唱，附身拈起身旁的花瓣，一丝丝清香弥漫在这一春的画境之中，赏一城的春色，语笑嫣然的走过青山绿水，驻足百花丛中，含笑微微，生动的春情，那么富有诗意，碧玉煦暖，加深记忆中的绿意，用深深的眷念，续写着春天的美。

春风翻开这个季节的韵美，细雨洒向旷野，湿湿且柔柔的，多情的眷念，向往着遥远的回忆。河岸的柳叶翻开了春天的序幕，细柳抽开新芽，地上一丛丛嫩草点缀成碧玉的色彩，随着春风，吹醒寒冬的田野，山中的桃花点缀了春园的蓄意，激起春的浪漫，好想细细描绘这煦暖的季节，就此停住，迎着春暖花开，徜徉这自然之美。

聆听着春天的旋律，感受着春天的花香鸟语，生命的旺盛与美丽，就在一刹那漫溢出生机勃发的情韵。天和地，人与自然，仿佛都在沐浴着春天的尽情韵美，一曲生命的清歌，伴随着万物生灵的到来，聆听春天的芬芳，感受着春天的心跳，让躯体和灵魂一同深深呼吸，一同欢笑，共享生命的恩赐，共享春天的情韵，一派生机的温暖蓄意。

缕缕春风载满花香，这难得的美景，一年只有一次，百花开了，开得那么悠然，浩浩荡荡的花朵挂满枝头，笑迎着春风，层层叠叠争奇斗艳，让人眼花缭乱，柔情飘扬，情系着蓝天。心生的美好怀着娇艳，山绿了，水绿了，蝴蝶开始点数花朵，蜜蜂也开始采蜜了，山水雨露，勃勃生机。春天是一本读不完的书，春天是一本最美的诗集。

语思：也许，在春意中，你明白了生存的目的，懂得了生存的意义。正决心全心全意的生存下去。但是，那并不是生存的全部，而应该勇于奉献、努力、不断超越自己，像每一朵花和每一棵小草，生机盎然的活着,这才能真正称的上是生存的目的。

10. 苍术

一、简介

苍术为菊科植物茅苍术或北苍术的干燥根茎,一般均为野生,多年生长。多年生草本。根状茎肥大呈结节状。茎高30~50厘米,不分枝或上部稍分枝。叶革质,无柄,倒卵形或长卵形,长4~7厘米,宽1.5~2.5厘米,不裂或3~5羽状浅裂,顶端短尖,基部楔形至圆形,边缘有不连续的刺状牙齿,上部叶披针形或狭长椭圆形。头状花序顶生,直径约1厘米,长约1.5厘米,基部的叶状苞片披针形,与头状花序几等长,羽状裂片刺状;总苞杯状;总苞片7~8层,有微毛,外层长卵形,中层矩圆形,内层矩圆状披针形;花筒状,白色。瘦果密生银白色柔毛;冠毛长6~7毫米。

二、苍术意蕴

沉默、向往。

三、苍术箴言

心之向往，必将到达。生活的意义在于美好，在于向往目标的力量。应当使征途的每一瞬间都具有崇高的目的。苏联高尔基伟人的生平昭示我们，我们也能使自己的生命令人崇敬；当我们告别人生的时候，在时间的沙滩上留下自己的脚印。——郎贾罗

四、生长环境

茅苍术多生长在丘陵、杂草或树林中，茅苍术喜凉爽、温和、湿润的气候，耐寒力较强，怕强光和高温。北苍术多生长在森林草原地带的阳坡、半阴坡灌丛群落中；关苍术多生长在稀疏柞桦林、灌木林带山坡草地、灌丛及林间草丛中，为稀见伴生植物。北苍术耐寒性强，喜冷凉，光照充足，喜昼夜温差较大的气候条件。

五、神奇药用

（一）功能主治

湿阻脾胃、脘腹胀满、寒湿白带、湿温病以及湿热下注、脚膝肿痛、痿软无力。治湿阻脾胃，而见腹胀满、食欲不振、倦怠乏力、舌苔白腻厚浊等症。

（二）相关文献

（1）《本草经疏》："凡病属阴虚血少、精不足，内热骨蒸，口干唇燥，咳嗽吐痰、吐血，鼻衄，咽塞，便秘滞下者，法咸忌之。肝肾有动气者勿服。"

（2）《本草正》："内热阴虚，表疏汗出者忌服。"

（三）实用妙方

治疗湿温多汗：知母300克、甘草（炙）100克、石膏500克、苍术150克。粳米150克，上锉如麻豆大，每服25克，水一盏半，煎至八九分，去滓取6分清汁，温服（《类证活人书》白虎加苍术汤）。

治脾胃不和，不思饮食，心腹胁肋胀满刺痛，口苦无味，呕吐恶心，常多自利：苍术（去粗皮，米泔浸二日）2500克，厚朴（去粗皮，姜汁制，炒香）、陈皮（去白）各1600克，甘草（炒）1500克。上为细末。每服10克，以水一盏，入生姜2片，干枣两枚，同煎至7分，去姜、枣，带热服，食前空腹；入盐一捻，沸汤点服亦得（《局方》平胃散）。

六、清新美味

（一）苍术冬瓜祛湿汤

养生功效：健脾燥湿，散寒解表。苍术能降血糖、降血脂减肥。泽泻利水渗湿，对于治疗高血脂症、糖尿病、脂肪肝、中风恢复期等均有明显疗效。冬瓜历来是减肥的妙品。此汤能减肥瘦身、清润养生。

材料：苍术15克，泽泻15克，冬瓜250克，猪瘦肉500克，生姜片、盐、鸡精各适量。

烹制方法：

（1）苍术、泽泻洗净。冬瓜洗净，切块。猪瘦肉洗净，切块。

（2）锅内烧水，水开后放入猪瘦肉，焯去血水。

（3）将苍术、泽泻、冬瓜、猪瘦肉、生姜片一起放入煲内，加入适量清水，用大火煲沸后，用小火煲1小时，调味即可。

（二）苍术烧羊肝的做法

制作材料：主料：羊肝150克

辅料：苍术苗250克

调料：盐3克，味精2克，大葱4克，姜3克

苍术烧羊肝的做法：

（1）将羊肝洗净，切条。苍术去杂洗净，水沸锅汆一下，捞出洗净切段。

（2）将羊肝、葱、姜、盐同入锅中，注入适量羊肉汤，煮至羊肝熟烂，投入苍术烧至入味，点入味精，出锅即成。

健康提示：羊肝软嫩，具有益血，补肝明目的功效。适用虚劳羸瘦、目暗昏花、雀盲、夜盲等病症。健康人食用健康少病，润肝健美。

（三）苍术炖羊肝

原料：羊肝150克，苍术15克，精盐、味精各适量。

做法：

（1）羊肝清洗干净，切成薄片。苍术洗净，切片，装入纱布内，扎紧袋口。

（2）将羊肝和药袋一并放在碗内，加入适量清水，放在笼内蒸炖，以羊肝蒸熟为度。捞去药袋，酌加少量精盐和味精。当点心食用。

功效：养肝明目，补气益血。适用于肝血亏虚所致的两目干涩、目花夜盲、多汗体弱等。

羊肝的营养价值：

羊肝含铁丰富，铁质是产生红血球必需的元素，一旦缺乏便会感觉疲倦，面色青白，适量进食可使皮肤红润；羊肝中富含维生素B2，维生素B2是人体生化代谢中许多酶和辅酶的组成部分，能促进身体的代谢；羊肝中还含有丰富的维生素A，可防止夜盲症和视力减退。

七、美好传说

话说有一名自京城考试回乡的书生，回程时至西湖一游，途中邂逅了一位妩媚动人的女子，心仪之余，希望与女子同归，但女子婉拒，终未能如愿。过了5年，书生旧地重游，不禁想起佳人美丽的身影，怅然若失。此时，忽然看见那位女子熟悉的身影，书生欣喜若狂，遂邀其同游西湖美景，之后两人不舍得分离，相依相守，就这样过了半年之久，书生再度提出携手同归的要求，女子黯然，幽幽道出："你离去后，我因对你思念过度而一病不起，现在的我是个女鬼！我们朝夕相处，你被阴气浸淫已深，回去后必会腹泻大作，当服平胃散解之!"书生听了之后又惊愕又惋惜,好一会儿才问道:"平胃散都是些平和无奇的药,如何能治好我的情况呢?"女子道:"其中有一味苍术,可以祛除邪气!"书生返家后果然腹泻不止,只得依指示服平胃散,腹泻才逐渐停止。

古代认为,荒野岚瘴,或瘟疫恶气都和"湿"有密切关系,而这些邪气则又和鬼魅之说同气相应,所以才会有这样的故事流传下来。

11. 柴胡

一、简介

(一) 北柴胡

特点:呈圆柱形或长圆锥形,长 6～15 厘米,直径 0.3～0.8 厘米。根头膨大,顶端残留 3～15 个茎基或短纤维状叶基,下部分枝。表面黑褐色或浅棕色,具纵皱纹、支根痕及皮孔。质硬而韧,不易折断,断面显片状纤维性,

皮部浅棕色，木部黄白色。气微香，味微苦。

（二）柴胡——原生态

特点：根茎细，圆锥形，顶端有多数细毛状枯叶纤维，下部多不分枝或稍分枝。表面红棕色或黑棕色，靠近根头处多具紧密环纹。质稍软，易折断，断面略平坦，不显纤维性。具败油气。

（三）大叶柴胡

特点：叶较宽，长圆形或广披针形，小伞梗细如丝状。比小总苞长3~4倍。生于林内及灌木丛中。

（四）狭叶柴胡

特点：主根多单生，棕红色或红褐色；茎基部常被棕红色或黑棕色纤维状的叶柄残基；叶线形或线状披针形，长7~17厘米，宽2~6毫米，有5~7条平行脉；复伞形花序多数；总苞片1~3片，条形，伞幅5~13，小总苞片4~6，花梗6~15；双悬果棱粗而钝。

（五）醋柴胡

味苦，性微寒。归肝、胆经。醋炙能缓和升散之性，增强疏肝止痛作用，适用于肝郁气滞的胁痛、腹痛及月经不调。常与枳壳、香附、川芎等同用。

（六）鳖血柴胡

苦，微寒。归肝、胆经。鳖血炙能抑制升浮之性，增强清肝退热、截疟功效。常与青蒿、地骨皮、白芍、石膏、知母等同用，增强表里退虚热作用。

二、柴胡意蕴

积累、坚持。

三、柴胡箴言

所谓人生,归根到底,就是"一瞬间、一瞬间持续的积累",如此而已。每一秒钟的积累成为今天这一天;每一天的积累成为一周、一月、一年,乃至人的一生。那些让人惊奇的伟业,实际上,几乎都是极为普通的人兢兢业业、一步一步持续积累的结果。——稻盛和夫

四、生长环境

生于沙质草原、沙丘草甸及阳坡疏林下。

五、神奇药用

(一) 功能主治

性微寒、味苦、辛、归肝经、胆经,具疏肝利胆、疏气解郁、散火之功效。透表泄热,疏肝解郁,升举阳气。感冒发热、寒热往来、疟疾,肝郁气滞。

（二）相关文献

《神农本草经》：味苦，平。主心腹，去肠胃中结气，饮食积聚，寒热邪气，推陈致新。久服，轻身、明目、益精。

（三）实用妙方

（1）治伤寒初觉发热，头疼脚痛：柴胡（去苗）半两，黄芩（去黑心）、荆芥穗各一分。上三味，锉如麻豆大。每服五钱，水一盏半，生姜一枣大（拍碎），煎至八分，去滓，入生地汁一合，白蜜半匙，更煎三五沸，热服（《圣济总录》解毒汤）。

（2）治外感风寒，发热恶寒，头疼身痛，疟疾初起：柴胡 5～15 克，防风 5 克，陈皮 7、5 克，芍药 10 克，甘草 5 克，生姜 3～5 片。水一钟半，煎七八分。热服（《景岳全书》）。

六、清新美味

（一）柴胡焖猪肝

材料：柴胡 6 克，猪肝 200 克，枸杞 3 克，小葱 2 株，盐适量。

做法：

（1）首先把鲜的肝脏在水龙头下冲洗几分钟。

（2）然后将猪肝放入储有清水的容器中浸泡 30～40 分钟，期间需换水一次。

（3）小葱去须切段备用。

（4）柴胡用水快速冲洗。

（5）将洗好的柴胡放入料盒中。

（6）砂锅内加入约1500毫升的清水放入料盒大火煮开转小火约15分钟后取出料盒留汁备用。

（7）把处理好的猪肝切片后热水速氽汤。

（8）然后将葱段枸杞放入汤汁中。

（9）最后放入肝片一起大火煮开后关火，加盐调味即可。

防止干眼症。夜盲症和视力衰退，并还可以帮着人体吸收钙质来维持人体的骨密度。经常食用柴胡与猪肝同煲的汤，既能养眼又能保肝并且还能消除身体亚健康状态。

（二）柴胡降脂粥

材料：柴胡12克，白芍12克，泽泻22克，茯苓30克，粳米100克。

做法：

（1）先将柴胡、白芍、泽泻，洗净煎取浓汁。

（2）茯苓与粳米洗净放入锅中，加入备好的药汁，并加水适量，煮成粥。

功效：疏肝解郁，降脂减肥。

（三）柴胡秋梨汤

（1）把梨洗净带皮切成块，陈皮洗净切小块。

（2）锅中倒清水，加入梨和陈皮，柴胡盖上锅盖。

（3）用大火烧开后转小火煮20分钟。

（4）20分钟后加入适量冰糖再煮10分钟搅拌即可。

（四）玫瑰柴胡苹果茶

（1）柴胡和干玫瑰用清水稍为清洗一下。

（2）将柴胡放锅内，加入清水，用大火煮开，转小火煮10分钟。

（3）苹果切成丁。

（4）苹果丁和玫瑰花倒进锅内。

（5）转大火煮沸后，关火，焖5分钟左右。

（6）喜欢甜味的，放进适量的冰糖，煮开即可。

苹果：味甘性平，有助于降低胆固醇、降脂，可抑制黑色素的形成，减淡雀斑、黄褐斑，有很好的缓解压力的作用。

柴胡：性平，入肝、胆经，有发表退热疏肝解郁、升阳等功效，对感冒发烧、胸胁胀痛、月经不调等症有疗效，此外，柴胡还具有抗菌、抗病毒等作用。玫瑰：具理气解郁、和血散瘀的功效。《食物本草》谓其"主利肺脾、益肝胆，食之芳香甘美，令人神爽。"长期服用，美容效果甚佳，能有效地清除自由基，消除色素沉着，令人青春焕发。

七、美好传说

柴胡名称的由来有个民间传说。从前，一地主家有两个长工，一个姓柴，一个姓胡。有一天姓胡的病了，发热后又发冷。地主把姓胡的赶出家，姓柴的一气之下也出走。他扶了姓胡的逃荒，到了一山中，姓胡的躺在地上走不动了。姓柴的去找吃的。姓胡的肚子饿了，无意中拔了身边的一种叶似竹叶子的草的根入口咀嚼，不久感到身体轻松些了。待姓柴的回来，便以实告。姓柴的认为此草肯定有治病效能。于是再拔一些让胡食之，胡居然病好了。他们二人便用此草为人治病，并以此草起名"柴胡"。

12. 常春藤

一、简介

常春藤是一种颇为流行的室内大型盆栽花木，尤其在较宽阔的客厅、书房、起居室内摆放，格调高雅、质朴，并带有南国情调。是一种株形优美、规整、世界著名的新一代室内观叶植物。可以净化室内空气、吸收由家具及装修散发出的苯、甲醛等有害气体，为人体健康带来极大的好处。原产欧洲、亚洲和北非。它对环境的适应性很强。

喜欢比较冷凉的气候，耐寒力较强，可入药。其果实、种子和叶子均有毒，孩童误食会引起腹痛、腹泻等症状，严重时会引发肠胃发炎、昏迷，甚至导致呼吸困难等。

二、常春藤意蕴

感化、绵延的爱、忠实、友谊。

三、常春藤箴言

理想在世人仰望的舞台上行走,在繁华城市的空气中穿梭。世间之事就是如此的奇妙,在你我毫无准备时,青春一声不吭地撞开了我们的心扉,让我们不由地迸发出激情,莫名其妙地涌起冲动。

四、神奇效用

(一)青春年轻的美好寓意

说起常青藤,大家会想到片翠绿的植物还有一个个代表着知识的象牙塔,美国著名的大学都被成为常青藤联盟。仿佛说道常青藤我们会想到年轻、青春、希望和朝气之类的词,不仅是它的外形的翠绿,还有人们赋予了它无限青春的花语,仿佛它只属于青春的年轻人和他们的时光和他们在校园时纯洁的友情、爱情等。

(二)健康环保的观赏植物

常青藤,最常用于种植在户外的墙壁上或者庭院里,或者养殖在室内的吊篮里,无论在哪它们生命力旺盛如壁虎一般攀爬如蜘蛛网一样延伸开来,每到春末夏季我们都会看到一篇翠绿。

它的叶子如枫叶般,每到花期,还会开放淡黄白色的小花,非常美丽清新,它成为大众化的绿化观赏植物。不论在室外环境还是室内都能够带来一篇翠绿,带来希望,尤其是在室内是非常养眼的绿色植物,能起到装饰和美化的作用,能够提高主人的居住环境的自然力和清新度。而且它还是非常健康环保的观赏植物，它不仅能绿化环境还能净化空气，吸收室内的废弃并通过光合作用释放氧气等众多的作用。

（三）药用价值

常青藤还具有很好的药用价值，它整个都可以作为一味中药，它可以清热去火，对于人体肝部具有很好地保护的滋养的作用、减轻身体部位的疼痛感，还可以消除肿胀的脓包，具有很好的消毒杀菌的作用。另外常青藤还具有很好的美容作用，能够使皮肤紧致，消除水肿。

1、功能主治：祛风利湿、活血消肿、平肝、解毒。用于风湿关节痛、腰痛、跌打损伤、肝炎、头晕、急性结膜炎、肾炎水肿、闭经、痈疽肿毒、荨麻疹、湿疹。

2. 相关文献

（1）《本草纲目》："主风湿流注疼痛，及痈疽肿毒。"

（2）《本草再新》："治肝郁，补脾利湿，去风滑痰，通行经络，行血和血，并能理气。"

（3）《草木便方》："治小儿慢惊，风痰。除刀伤犬咬毒。"

（4）《分类草药性》："治筋骨疼痛，风湿麻木，泡酒服。能洗疮毒。"

（5）《开宝本草》："平肝顺气，明目，治头晕。"

五、美好传说

常春藤在以前被认为是一种神奇的植物，并且象征忠诚的意义。

在希腊神话中,常春藤代表酒神"迪奥尼索司",有着欢乐与活力的象征意义。它同时也象征著不朽与永恒的青春。

常春藤是一种十分美好的常绿藤本植物,预示春天长驻,因此有一个美好的名字"长(常)春藤",深得人们的喜爱。送友人长春藤表示友谊之树长青。如果朋友结婚,送新娘的花束中也少不了长春藤美丽的身影。祝愿携手永远,直到白头。

六、气质美文

故乡常春藤

一阵风吹过,身旁的小树发出窸窣的声音,像在倾诉,似在安慰。小树长高了,还有它旁边的那棵常春藤,叶子依然翠绿翠绿的,一如昨天。我心头不觉一动,哦,这棵常春藤陪伴我几个春秋,今天才惊讶于它的可爱,它的难舍,好似那便是我的生命。我蹲下身去,轻轻地挖起它的一个小芽,带着它回到了故乡,种在了我的窗前。

每天清晨,我会早早地起来看它,给它浇水,松土,一天,两天,三天……令我欣慰的是,它慢慢地伸展开绿色的叶片,藤蔓缠绕,居然爬上了墙,我喜欢看它的叶子闪闪地颤动,那是一种希望,一种期盼,一种生命。

随着刺骨的寒风伴着飘落的白雪,常春藤的茎干枯了。哦,它毕竟还太弱,经不起风雪的欺压,它被冻死了。我非常的伤心、想起往日的一幕幕,不觉又潸然泪下,那是我的思念了。

寒冷已慢慢消退,春风悄悄吹来,我依然清晨早起,习惯地为那株常春藤浇浇水，尽管它已枯萎。有一天，在我清理墙边的残叶时，突然发现在常春藤的根部又萌生出新芽，有一寸高了，而且是两棵，原来它没死，只是在孕育新的生命。我激动的心几乎要跳出来。我急忙在它周围砌了砖围，免得不小心将它碰坏。我更加小心翼翼地照顾它，呵护它。这两根常春藤长得很快，像在竞赛似的，互相鼓励，互相慰藉，不多日子便爬到房顶了，又生出许多枝蔓缠绕，葱葱郁郁向周围伸展。这是生命的杰作。它驱走了许多的寂寞和伤感。我绵绵的思念啊，你飘向了何方？

常春藤越来越茂盛了，每一片叶子都闪着生命的光，那浓密的叶子爬了满墙，连我的窗棂也一串一串的，远望去，恰似一川流泻的绿瀑，又似一簇簇燃烧的火焰。感动于生命力的旺盛，我一丝不敢懈怠，不敢虚度，好似有一双眼睛在注视着我，鼓励着我。那层层叠叠的绿呀，一如我浓浓的情愫，亲爱的朋友，你还好吗？

当我的小窗满眼绿的时候，我的手机上传来远方的消息：梦里有棵常春藤……

13. 车前草

一、简介

车前又名车轮菜，多年生草本，连花茎高达 50 厘米，具须根。具有祛痰、镇咳、平喘等作用。生长在山野、路旁、花圃、河边等地。根茎短缩肥厚，密生须状根。叶全部根生，叶片平滑，广卵形，边缘波状，间有不明显钝齿，主脉五条。

二、车前草意蕴

忍受痛苦、纯真。

三、车前草箴言

真正的纯并不是单纯，并不是对周遭的险恶一无所知。而是在看尽各种苦难与丑恶后，仍然保留着当初的善良与纯真，坚守着自己的原则。

四、生态环境

生长在山野、路旁、花圃、菜圃以及池塘、河边等地。

五、神奇药用

（一）**功能主治**：

清热利尿；渗湿止泻；明目；祛痰。小便不利；淋浊带下；水肿胀满；暑湿泻痢；目赤障翳；痰热咳喘。

（二）实用妙方

（1）《局方》："凡使，须微炒燥，方入药用。"《卫生家宝产科备要》："水淘洗令净，控，焙干，隔纸炒。"《医学入门·本草》："略炒捣碎。"《纲目》："入汤液，炒过用。"现行，取净车前子，置于锅内，用文火炒至鼓起，色稍变深，有爆声时，取出放凉。炒车前子用于渗湿止泻，祛痰止咳。

（2）盐车前子：《幼幼集成》："青盐水炒七次。"现行，取净车前子，置锅内用文火炒至鼓起有爆裂声时，喷淋盐水，继续炒干。有香气逸出时，取出放凉。每车前子100千克，用食盐2千克。盐车前子，偏于补肝肾、明目。

六、清新美味

（一）红枣枸杞车前草水

材料：车前草适量，红枣适量，枸杞适量。

调料：冰糖适量

做法：

（1）车前草洗净，加半锅水开始煮。

（2）煮到沸腾时加入红枣和冰糖再次煮开。

（3）转小火继续煮20分钟，加入枸杞，煮10分钟左右即可。

红枣枸杞车前草水口感甘甜可口，美容养颜。

（二）车前草拌鸭肠

主料：200g车前草、200g鸭肠、10g枸杞。

配料：适量麻油、适量盐、适量食用碱、适量白糖、适量鸡精、适量醋。

制作步骤：

（1）将车前草洗净，去梗留嫩叶。

（2）将鸭肠用盐抓揉均匀，加碱和清水拌匀，腌1~2小时，再用清水反复漂洗去碱味。

（3）切蒜蓉备用。

（4）锅内放入水烧开，将车前草烫至断生后捞起过凉水。

（5）再次将水烧开，然后下鸭肠烫煮2~3分钟后起锅放入凉水中冷却，然后待凉后沥干水分。

（6）将车前草、鸭肠、枸杞、盐、香油、醋、鸡精、白糖、蒜蓉搅拌均匀即可。

（三）车前子粥

原料：车前子25克、粳米100克、白砂糖15克。

做法：

（1）粳米淘洗干净，用冷水浸泡半小时，捞出，沥干水分。

（2）将车前子用干净纱布包好，扎紧袋口。

（3）取锅加入冷水、车前子，煮沸后约15分钟，拣去车前子，加入粳米，用旺火煮开后改小火，续煮至粥成，调入白糖即可进食。

七、美好传说

相传西汉时有一位名将叫马武。一次，他率军队去戍边征战，被敌军围困在一个荒无人烟的地方。时值6月，那里酷热异常，又遇天旱无雨。由于缺食少水，人和战马饿死、渴死的不少。当时在军队里有很多人的小肚子胀得像鼓一般，痛苦不堪，排尿像血一样红，小便时刺痛难忍，点点滴滴尿不出来。很多战马撒尿时也嘶鸣挣扎。

军医诊断为尿血症，需要清热利水的药物治疗，但因无药，大家都束手无策。马武有个马夫，名叫张勇。张勇和他分管的3匹马也同样患了尿血症，人和马都十分痛苦。一天，张勇忽然发现他的3匹马不尿血了，马的精神也大为好转。这一奇怪的现象引起了张勇的注意。他便紧盯着马的活动。原来马啃食了附近地面上生长的牛耳形的野草。他灵机一动，心想大概是马吃了这种草治好了病，不如我也拔些来试试看。

于是他拔了一些草，煎水一连服了几天，感到身体舒服了，小便也正常了。张勇把这一偶然发现报告了马武。马武大喜，立即号令全军吃"牛耳草"。几天之后，人和马都治好了。马武问张勇："牛耳草在什么地方采集到的？"张勇向前一指，"将军，那不是吗？就在大车前面。"马武哈哈大笑："真乃天助我也，好个车前草！"此后，车前草治病的美名就传开了。在清热解毒利尿的中药里，车前草是最常用的一味药。

另外还有一则关于车前草的传说。相传尧舜禹时期，江西雨水过多，而河流因泥沙淤阻，致使逐年发生水灾，使老百姓的水田被淹没，房屋被冲倒，无家可归。舜帝知情后，要禹派副手伯益前往江西治水。

他采用疏导法，疏通赣江，工程进展很快，不到一年就修到了吉安一带。当年夏天，因久旱无雨，天气炎热，工人们发昏发烧，小便短赤，病倒的人不计其数，这大大地影响了工程的进展。舜帝知道后,派禹带医师前往工地诊治仍无济于事,急得禹和伯益将军在帐篷前来回踱步,坐立不安。一天,一位老大爷捧了一把草要见禹和伯益将军,禹命老大爷入帐,问其何事,老大爷说:"我是喂马的马夫,我观察到马群中有一些马匹撒尿清澈明亮,饮食很好。而有一些马匹却不吃不喝,撒尿短而少。原来那些饮食很好的马经常吃长在马车前面的这种草。我就扯了这种草喂那些生病的马,结果第二天这些病马全好了。我又试着用这种草熬成水给一些有病的人喝,望结果他们的病也好了。"禹和伯益听后十分高兴,于是命令手下都去扯这种草来治病,结果患病的工人喝了这种草熬成的水后,不到两天就痊愈了。因为马匹是在马车前面吃的这种草,所以就将这种草药命名为"车前草"。

14. 川断续

一、简介

多年生草本,高达90厘米,主根1至数条,茎生叶对生,中央裂片特长,头状花序圆形,直径达12厘米,总苞片窄成条形,子房包于小总苞内。果时苞片刺状喙较短于片部,瘦果顶端外露。多年生草本,高达2米。主根1条或在根茎上生出数条,圆柱形，黄褐色，稍肉质；茎中空，具6～8条棱，棱上疏生下弯粗短的硬刺。

二、川断续意蕴

绝处逢生。

三、川断续箴言

虽然我们不愿意受伤，但谁能说伤痛不是我们成长不可分割的一部分？幼小的孩子要在一次次摔倒哭泣中学会走路，花草要经过暴风雨的洗礼才会更加蓬勃挺拔。有过坎坷磨砺，有过切肤之痛，我们的意志才会愈加顽强，我们的身心才会更加坚韧。努力一定会有收获，受伤也是一种成长。该伤心时就大哭一场，该伤身时就好好生一场病。我们的身体承受过更多的病菌，才能积蓄出更顽强的抵抗力；我们的心灵经历过刻骨铭心的伤痛，才能更加懂得珍重美好的情感。

四、生长环境

生于土壤肥沃、潮湿的山坡、草地。

五、神奇药用

(一) 功效主治

根药用,具有补肝肾、强筋骨、活血散瘀、生肌止痛等功效。

(二) 相关文献

(1)《本草汇言》:续断,补续血脉之药也。大抵所断之血脉非此不续,所伤之筋骨非此不养,所滞之关节非此不利,所损之胎孕非此不安,久服常服,能益气力,有补伤生血之效,补而不滞,行而不泄,故女科、外科取用恒多也。

(2)《本草正义》:续断,通行百脉,能续绝伤而调气血,《本经》谓其主伤寒,补不足,极言其通调经脉之功。惟伤寒之寒字,殊不可解,疑当作中,然旧本皆作伤寒,则竟作伤中,盖亦石顽改之,未必其所见旧本之果作伤中也。其治金疮痈疡,止痛生肌肉,及折跌踠伤;恶血,续筋骨,主腰痛,关节缓急等证,无一非活血通络之功效。

六、清新美味

(一) 续断杜仲煲猪尾

主料:猪尾400克,辅料:杜仲30克,续断25克,调料:盐2克

做法

（1）将续断、杜仲洗净，装入纱布袋内，扎紧袋口。

（2）再将猪尾去毛洗净，与药袋一同放入沙锅内，加水适量。

（3）用武火煮沸，再用文火煎熬40分钟，以猪尾熟烂为佳。

（4）最后加入精盐调味。

功效：

补益肝肾，壮骨填髓。用治肝肾亏虚、腰背酸痛、阳痿、遗精、陈旧性腰部损伤、腰腿痛。

（二）续断炖羊腰

材料：主料：羊腰子250克。

辅料：续断15克。

调料：料酒10克，姜5克，大葱10克，盐3克，鸡精3克，胡椒粉3克，鸡油25克。

做法：

（1）将续断润透，切薄片；

（2）羊腰洗净，切开，除白色臊腺；

（3）姜切片，葱段；

（4）将续断、羊腰、料酒、姜、葱同入炖锅内，加水置武火烧沸；

（5）用文火炖煮25分钟，加入盐、鸡精、鸡油、胡椒粉调味即成。

七、美好传说

从前,有个江湖郎中,常年走山串乡,挖药、卖药,给人治病。有一天,郎中来到一座山村。碰巧,村里有个青年死了,家里人正抱着他嚎啕痛哭,郎中走过去一看,青年的面色不像死人,伸手按住他的手腕,发现还有一丝脉息,便对一位哭啼的老人说:"他是你的什么人?""是我儿子。""怎么死的?""发高烧突然就死了。""气绝多久啦?""有一个时辰吧。""别哭了,他还有救!""啊?那快请你救救他吧。我就这么一个儿子呀!"郎中把药葫芦打开,倒出两粒药丹,又让人撬开青年的牙关,用水灌下去。过了一会儿,青年忽然喘息起来。郎中说:"叫他躺两天就好了。"老人扑腾跪下,给郎中磕了3个头,说:"你真是活神仙!这起死回生的是什么药呵?""这叫还魂丹。"这件事一下子就传遍了全村。大伙儿把郎中留在村里,都纷纷求他给家里的病人看病。这小山村里有个山霸,开了一座药铺。他听说乡郎中有还魂丹,就红了眼。一天,山霸摆了酒席,请郎中吃酒。郎中来到山霸家中,问道:"老板找我有事吗?""请坐,先吃酒。""这不明不白的酒,叫我怎么吃啊?"山霸只好明说:"你不是会制还魂丹吗?咱们合伙开药铺吧。""这……""我保你发财。""不不,这丹是祖传下来救人用的,不求赚钱。""那你把炼丹的方法教给我,你想要什么我都答应。"郎中只是摇头。山霸顿时变了脸,把桌子一拍道:"你敬酒不吃吃罚酒!"郎中冷笑道:"不管你怎么办,我的丹只给病人吃。"山霸一挥手,几个狗腿子就把郎中架到院子里,一阵乱棒,打得郎中死去活来,浑身是血,扔出了门外。郎中忍着疼痛爬到山上,挖了些药草吃下。一个月后,郎中又串乡卖药了。山霸心想：莫非没把他的腿打断？便把打手叫来，吩咐这回一定要打断郎中的双腿。郎中又被抓了去。打手们这次打得更凶更狠，直到把郎中的腿打得断成几截，才把他扔到山沟里准备喂狼。这次，郎中爬也爬不动了，只好在山沟里躺着。有个砍柴的小伙子发现山沟里有人，急忙走过去一看，认出是好心的郎中，便问："你这是怎么啦？"郎中话也说不出来了，他打着手势，让小伙子背着他爬上山坡，又用手指了指一种叶子像羽毛、开着紫花的野草，意思是叫小伙子给他挖来。小伙子明白了，当时就挖了许多这种草，又把郎中背回家，把药草煎给郎中吃。2个月过去，郎中的伤又好了。他对小伙子说："我在这儿不能再住下去了，这接骨治伤的药草就借你的嘴传给乡亲们吧。"两人正说着话，山霸和他的打手们又来了。山霸一看郎中还活着，便下了毒手，指使打手们杀死了郎中。郎中死后，砍柴的小伙子就按照郎中的嘱托，把接骨的药草传给了乡亲们，并给它取了名字叫"续断"，也就是骨头断了能再续接上的意思。不过，郎中的还魂丹却从此失传了。

15. 垂盆草

一、简介

垂盆草，属景天科多年生草本，茎匍匐，易生根，高10~20厘米，叶常为3片轮生，肉质，披针形至矩形，长1.5~2.5厘米，先端狭长，基部有距，花序聚伞状，花小，淡黄色。

二、垂盆草意蕴

修养。

三、垂盆草箴言

我们都像草一样。像老常手中的那根草一样,坚强且平淡地生长。这没什么,只要我们知道大海的方向。

四、生长环境

垂盆草一般生长在山坡岩石石隙、山沟边、河边湿润处,极易栽培,对环境要求不严,家前屋后均可种植,也可盆栽,通常采用分株繁殖。垂盆草,作为草坪草的优良性状以及耐粗放管理的特性,值得在屋顶绿化、地被、护坡、花坛、吊篮等城市景观工程中进行广泛推广应用,并可作为北方屋顶绿化的专用草坪草。可作庭院地被栽植,亦可室内吊挂欣赏。

五、优点特性

(一)抗寒性强:在沈阳最低气温达零下32°C时,能安全越冬,毫无冻害。对早霜和晚霜袭击也无不良反应。

(二)耐干旱、耐高温:垂盆草是一种多浆、多肉植物,体内含水量高,旱时自身可调节水分;此草是须根系植物,茎节处生长3~

5个不定根，入土成须根，一株一年生苗，吸收根直径可达20厘米左右，深12厘米左右。一个月不浇水（含天然降水）也不能干死，吸水能力强；垂盆草又极耐高温：在45°C左右的高温，也能旺盛生长。

（三）绿期长，观赏价值高：一般3月底返青，11月底枯黄。草形美，色绿如翡翠，颇为整齐壮观；花色金黄鲜艳，观赏价值高。

（四）抗病虫害能力强：基本无病虫害，可粗放管理。

（五）繁殖容易：生长速度快，不用修剪。

五、神奇药用

（一）功能主治：具有清热利湿，解毒消肿，凉血止血的功效。用于湿热黄疸，小便不利，痈肿疮疡，急、慢性肝炎。

（二）相关文献：《贵州植药调查》："活血，止痛，清热，消肿，接骨。"

六、清新美味

红枣垂盆草茶

原料：红枣（去核）50克，鲜垂盆草500克，白糖适量。

做法：

将红枣、新鲜垂盆草分别洗净，加水1000毫升，煎至500毫升，拣出垂盆草，下白糖调溶。每日服多次，食枣，汁代茶饮。

红枣垂盆草茶功效：适用于急性肝炎、低热烦躁、脾胃虚弱、食欲不振、体倦发力。

七、气质美文

（一）《野草》

夏衍

有这样一个故事。

有人问：世界上什么东西的气力最大？回答纷纭的很，有的说"像"，有的说"狮"，有人开玩笑似的说：是"金刚"。金刚有多少气力，当然大家全不知道。

结果，这一切答案完全不对，世界上气力最大的，是植物的种子。一粒种子所可以所显现出来的力，简直是超越一切。

这儿又是一个故事。

人的头盖骨，结合得非常致密与坚固，生理学家和解剖学者用尽了一切的方法，要把它完整地分出来，都没有这种力气。后来忽然有人发明了一个方法，就是把一些植物的种子放在要剖析的头盖骨里，给它以温度与湿度，使它发芽。一旦发芽，这些种子便以可怕的力量，将一切机械力所不能分开的骨骼，完整地分开了，植物种子力量如此之大。

这，也许特殊了一点，常人不容易理解。那么，你看见过笋的成长吗？你看见过被压在瓦砾和石块下面的一颗小草的生成吗？它为着向往阳光，为着达成它的生之意志，不管上面的石块如何重，石块与石块之间如何狭，它必定要曲曲折折地，但是顽强不屈地透到地面上来。它的根往土壤里钻，它的芽往地面上挺，这是一种不可抗的力，阻止它的石块，结果也被它掀翻。一粒种子的力量如此的大。

没有一个人将小草叫做"大力士"，但是它的力量之大，的确是世界无比。这种力，是一般人看不见的生命力，只要生命存在，这种力就要显现，上面的石块，丝毫不足以阻挡，因为它是一种"长期抗战"的力，有弹性，能屈能伸的力，有韧性，不达目的不止的力。

这种不落在肥土而落在瓦砾中，有生命力的种子决不会悲观和叹气，因为有了阻力才有干劲。生命开始的一瞬间就带了斗争来的草，才是坚韧的草，也只有这种草，才可为傲然地对那些玻璃棚中养育着的盆花哄笑。

（二）垂盆草

我喜欢花儿，喜欢草儿，因此我家种了许多植物。但我最喜欢的就是垂盆草了。

垂盆草别名狗牙齿、半枝莲、瓜子草等。垂盆草枝条纤细、柔软，枝叶下垂，像柳树的枝叶一样。它那葱绿的叶片，嫩嫩的叶脉，在微风的吹拂下翩翩起舞。它与别的植物不同，没有美丽的花朵，只有叶子，叶子有大的，有小的，形状各异，有的像一粒瓜子，有的像一叶小舟。我发现它们生长得很有规律，都是三片叶子为一簇。

垂盆草在我们这里极其普通，满山遍野都有它的足迹。还是在早春季节，歇冬的田地仍无生机，倔强的垂盆草就从阡陌边争前空后的钻出来。它那葱绿的羽叶，嫩嫩的叶脉，迎着料峭的春风，轻轻抖动，给大地增添了丝丝生机和希望。

然而，我对垂盆草的喜爱，还不单是它那如火如荼的生命力，更在于它朴实、崇高的情怀。

秋末冬初，万物萧疏。垂盆草却快乐地舒展着那盈绿的枝叶旺盛地生长着，把片片翠绿奉献给人们；春暖花开，百花争艳，垂盆草又无意争春，默默无闻地悄悄扎根生长；暮春将临，落英缤纷，垂盆草更到了全盛时期。这时，它纤细的叶茎上开满了五颜六色色的花朵，雅致可爱，花蕊深蕴琼香，香气弥满，周围空气好像渗进了糖丝，使无数蜜蜂蝴蝶颠狂，终日绕着它吸吮花香，翩翩起舞。一到隆冬，垂盆草又默默无闻地隐去。

我在这路上一直朝前走，见到前人探索的痕迹，路过未曾见过的风景，世界远比想象的更加广阔，深邃，美丽，神秘，让我着迷感动，时常忘了出发时的疑惑。再回头看，世界已在身后，不知何时，探索的路带领我从那里面走了出来，成为独立的自己，不再是它微不足道的附属品，我欣赏美丽世界的同时，它的美丽也由于我的赞叹多了一分价值。不必再问世界赋予了我的生命怎样的意义，我在想要如何同世界相处，赋予自己生命的意义。

垂盆草，敢斗残冬，无意争春，因为并不名贵，不艳丽，难入娇贵花草之林。但它那不息的生命力，不正是《易经》上讲的"天行健，君子以自强不息"的精神吗？

16. 大黄

一、简介

大黄是多种蓼科大黄属的多年生植物的合称,也是中药材的名称。在中国地区的文献里,"大黄"指的往往是马蹄大黄。在中国,大黄主要作药用,但在欧洲及中东,他们的大黄往往指另外几个作食用的大黄属品种,茎红色。气清香,味苦而微涩,嚼之粘牙,有砂粒感。秋末茎叶枯萎或次春发芽前采挖。除去细根,刮去外皮,切瓣或段,绳穿成串干燥或直接干燥。中药大黄具有攻积滞、清湿热、泻火、凉血、祛瘀、解毒等功效。

二、大黄意蕴

接纳、永恒。

三、大黄箴言

友谊是我人哀伤时的缓和剂,激情的舒解剂,是我们的压力的流泄口,我们灾难时的庇护所,是我们犹疑时的商议者,是我们脑子的清新剂,我们思想

的散发口，也是我们沉思的改进。——杰利密·泰勒

四、生长环境

大黄是多年生高大草本。生于山地林缘或草坡，野生或栽培，根茎粗壮。

五、神奇药用

（一）功效主治

攻积滞；清湿热；泻火；凉血；祛瘀；解毒，实热便秘；热结胸痞；湿热泻痢；黄疸；淋病；水肿腹满；小便不利；目赤；咽喉肿痛；口舌生疮；胃热呕吐；吐血；跌打损伤；丹毒；烫伤。

（二）相关文献

（1）《本草纲目》："凡病在气分，及胃寒血虚，并妊娠、产后，并勿轻用，其性苦寒，能伤元气、耗阴血故也。"

（2）《本草经疏》：凡血闭由于血枯，而不由于热积；寒热由于阴虚，而不由于瘀血；症瘕由于脾胃虚弱，而不由于积滞停留；便秘由于血少肠燥，而不由于热结不通；心腹胀满，由于脾虚中气不运，而不由于饮食停滞；吐、衄血由于阴虚火起于下，炎烁乎上，血热妄行，溢出上窍，而不由于血分实热；偏坠由于肾虚，湿邪乘虚客之而成，而不由于湿热实邪所犯；乳痈肿毒由于气逆，郁郁不舒，以致营气不从，逆于肉里，乃生痈肿，而不由于膏粱之变，足

生大疗,血分积热所发,法咸忌之,以其损伤胃气故耳。

(三) 实用妙方

(1) 治疗口腔炎、口唇溃疡及毛囊炎等用生大黄 3~8 钱,煎取 150~500 毫升(每剂最多使用 2 天),供漱口、湿热敷及洗涤用,每天 4~6 次。

治疗前先清洗局部,除净分泌物。

本法对于一般金黄色葡萄球菌感染的口腔炎、口唇溃疡、皮肤毛囊炎及头部疖肿等炎性疾患均有效,局部培养金黄色葡萄球菌的转阴日数亦比较迅速。

(2) 治疗烫伤先取陈石灰 10 斤除净杂质,过筛,投入锅内用文火炒松,再投人大黄片 5 斤,共同拌炒,石灰炒至带桃红色、大黄炒至灰黑色时,即出锅筛去石灰;将大黄摊开冷却后研成细粉备用。

用时先以生理盐水清洗创面,而后撒布大黄粉。

如有水泡应刺破;拨开表皮,排净泡液后再撒药粉。

如仅见局部红肿,则可用麻油或桐油将大黄粉调成糊状涂患处。

换药时如发现伤处溃烂,应拭去脓液、脓痂后再撒药粉。

六、清新美味

(一) 陈茵大黄绿茶

材料:茵陈 30 克,生大黄 6 克,绿茶 3 克。

做法:上药共研粗末,取生大黄 3~9 克放入杯内,用开水冲泡,置保温瓶中,冲入沸水适量泡焖 10 分钟后,加入绿茶 3~4 克,再盖焖5分钟,开始代茶饮用。

酒大黄:取大黄片用黄酒均匀喷淋,微焖,置锅内用文火微炒,取出晾干(大黄片100克用黄酒14克)。

(二)大黄酒

熟大黄(又名:熟军,制军):取切成小块的生大黄,用黄酒拌匀,放蒸笼内蒸制,或置罐内密封,坐水锅中,隔水蒸透,取出晒干(大黄块100克用黄酒30~50克)。亦有按上法反复蒸制2~3次者。

功效:具有清热解毒、泻下等作用。每日少量饮服,可健胃、助消化、泻胃火、增进食欲、调和气血、健壮体质、防病治病、抗衰老。用于便秘腹痛、目赤喉痛、麦粒肿等。长期饮服大黄,可保持大便通畅,减少肠中有毒有害物质的再吸收。

七、美好传说

从前有个黄姓郎中,承袭祖上医术,擅长运用黄连、黄芪、黄精、黄芩、黄根这5种药材为人治病,对这5种药不但自己采挖,临床运用也是非常精巧,治疗病人得心应手,常常是药到病除,故被誉为"五黄先生"。

那时,每到春3月时,黄郎中便进山采药,为此常借宿在山里一家农户马峻家中,至秋末方才离开。马峻一家3口对他百般善待,久之他与马家结下了深厚的感情。谁知人有旦夕之祸。一年,马家遭了火灾,房子财物被烧光,马峻的妻子被烧死,剩下孤单的爷儿俩,无家可归,只得住到山洞里。

黄郎中好不容易才找到马峻父子俩，他对马峻说："你带上孩子跟着我挖药吧。"于是他们终日相伴，以采药、卖药、治病为生。不识药性的马峻渐渐地也熟悉了"五黄"药。有时郎中不在家，他偶尔也能学着为人治病抓药。哪料到后来又生祸端。有年夏天，一位孕妇身体虚弱，骨瘦面黄，因泻肚子来求医。大黄恰巧郎中不在，马峻把治泻的黄连错给成了泻火通便的黄根，结果孕妇服后大泻不止，差点丢命，大人命虽保住了，胎儿却死了。

这事被告到县衙，县官立命扭来马峻，要以庸医害人治其罪。这时，黄郎中赶来跪在堂前，恳求县官老爷判自己的罪，说马峻是跟他学的医，而马峻更是羞愧，自愿领罪受罚。这样一来，县官倒对两人的情谊十分敬佩，想了想这五黄先生素有声名，那孕妇素来体质羸弱，孕期也短，就责罚两人给孕妇家一些银两，把他们放了。不过县官最后对郎中说："你那五黄药的'黄根'既然比其他四样药厉害，应该改个名儿，免得日后混淆再惹祸端。"黄郎中深深点头，回家便把黄根改叫"大黄"，以利区别，这名字于是就传开了。其实大黄以色黄得名。

17. 红藤

一、简介

红藤为落叶、木质藤本植物；茎红褐色；复叶三出，互生；花单性异株，辐射对称，花瓣6，极小，花萼6，花瓣状；果实为聚合

果，由多个肉质小浆果组成。

二、红藤意蕴

坚韧、缠绵。

三、红藤箴言

伟大的事业是根源于坚韧不断地工作，以全副精神去从事，不避艰苦。——罗素

四、生长环境

生长在海拔700～1600米的林缘沟边或灌木丛中。常见于山坡灌丛、疏林和林缘等。生于深山疏林、大山沟畔肥沃土壤的灌木丛中，分布于中国中东部，中南半岛北部。

五、功能效用

（一）神奇药用

根茎可药用，有通经活络、散瘀止痛、理气行血、杀虫等功效，主治风湿痛、跌打损伤、痛经、闭经、蛔虫。也可作兽医用药，对牛马误食品店蚂蝗所致疾病有疗效。

（二）实用妙方

(1) 出处：《浙江民间常用草药》

(2) 组成：红藤60克，紫花地丁30克。

(3) 功用：清热解毒、活血消肿。

(4) 制法：上药研成粗末，置保温瓶中，加入沸水冲泡20分钟后代茶饮用。

(5) 宜忌：脾胃虚寒或体弱血虚者忌用。

(6) 按语：红藤为大血藤科植物大血藤的茎藤，有清热解毒、活血通经作用。临床应用常配丹皮、大黄治疗急性化脓性阑尾炎；配紫花地丁、蒲公英治疗乳痈，疮毒；配当归、红花、川芎治妇女闭经。

（三）其他

根可作染料。茎皮含纤维，可制绳索。枝条可为藤条代用品，供编制藤椅或其它藤器。

六、美好传说

在深山老林，长着一种皮色红褐的藤茎，古称"赤藤"，今称"红藤"。如果用飞快的砍刀一砍，便流出好像血液似的红色液汁，所以民间又称"大血藤"。

传说明代有个山村村民叫赵子山，喜狩猎，又嗜酒成癖，于是每每啖食生肉饮酒，日久患了绦虫病，常闹腹痛，有时排便还解出这种寸白虫。求医治疗，医生令其先戒酒少肉，但他难下决心，因而病也就迟迟未治。一次，他上山狩猎，并携酒在身，结果中午贪杯醉倒，直睡到日落西山，醒来见天色已晚，就索性住在一座破庙里，接着自斟自饮起来，尽兴了，倒在一张破草席上便睡。半夜醒来，口渴得厉害，便起床找水喝，但久寻不见，在明亮的月光下，他突然发现了一个马棚，走进去见里面有只大瓮，瓮里有水，且清澈映月，于是便连连掬饮起来，只觉水甘如饴，清凉爽口。哪想第二天早晨醒来，一时内急，竟解出许多死了的寸白虫，肚里仿佛舒畅多了。他很觉奇怪，是什么驱出了自己肚里的虫？莫非是夜里喝了特殊的水。于是去马棚里看，发现瓮里的水呈暗红色，是寺庙里的仆僧编织草鞋所用红藤浸过的水。回家后一段时间，他发现自己腹痛、大便排虫的毛病没有了。他和医生讲了此事，医生查查书告诉他："红藤驱虫是有记载的，你的病就是饮用了红藤浸过的水治好的，你从此该彻底戒酒，戒食生肉，否则还会旧病复发。你不至于一直住在寺庙里吧。"

七、气质美文

绿意，我和春天的约定

红豆树下，一轮丽阳。蝶舞蜂拥，穿着我最最喜欢的衣裳，心里尽是欢快，这是我和春天的约会，我们都如期而至。

本打算携带上席慕容的文集，就在途中还在后悔没带来，但当我到达这恰到的春景里，又窃喜了，没有一件显得多余，只有我自己。这风光迤逦，花草作伴，文字里的美丽诗篇怎能比拟这湛蓝晴天和风语鸟鸣。

眼前一颗郁郁葱葱的红藤，我停下来，想起那首《立春偶成》：律回岁晚冰霜少，春到人间草木知。便觉眼前生意满，东风吹水绿参差。风吼着卷来，雨剑一样射来，小草绝不向狂风暴雨低头、弯腰，迎着风，不屈不挠地匍匐着。出来透透气晒晒暖，天晴就是心晴。有时候心情烦躁，却忘了春天，忘了春天一直在等待着我和他的约会。春天不曾放过任何一个生命的希望，就连压在石头下面的小草，也奋然的弓起柔弱的身躯，不辜负春天，更是给自己一线生机。生活都是靠细水长流，唯有自由永垂不朽，天地之大，海阔天空，路还那么长，不拘泥于青春激扬。

选择春天，是一个爽朗于愉悦的开始，生命就是一个圆圈，我和春天的约会必然是幸福的终点。春天不赋予我惆怅，我定不负于约定，所以我和春天的约会总是顺畅惬意。

这一天一大半俨然已经成为过去，这些年也成为无法拾起的重来，空气中的酩酊的芬芳沁人心脾，今晚又有文字来保存今天。此刻的快乐一下子将过去的种种不欢排除干净，并且让我懂得一分一秒的快乐是多么重要。春天不止是一个时间，还是一个地方，物是人非的怨言只是那些失落的人才说的，若懂得珍惜，就不要负于春天的约会。

日薄西山，烘热了我绯红的脸，此刻是最安详的时候，黑白交替并不明显。在值得怀念的片段里，有些单纯、明亮的时光依然是年轻的温度。我怀念那些飘摇的雨，自由的风，那一幕幕无忧无虑的快乐画面，已被欢乐上色，以心情为布，拿时间作底色，剪辑成一幅幅流动的绚丽画卷，在记忆中定格，永不褪色。

18. 当归

一、简介

多年生草本。茎带紫色。基生叶及茎下部叶卵形，2~3回三出或羽状全裂，最终裂片卵形或卵状披针形，3浅裂，叶脉及边缘有白色细毛；叶柄有大叶鞘；茎上部叶羽状分裂。复伞形花序；伞幅9~13；小总苞片2~4；花梗12~36，密生细柔毛；花白色。双悬果椭圆形，侧棱有翅。花果期7~9月。生于高寒多雨山区。主产甘肃、云南、四川。古人娶妻为生儿育女，当归调血是治疗女性疾病的良药，有想念丈夫之意，因此有当归之名，恰与唐诗"胡麻好种无人种，正是归时又不归"的意思相同。

二、当归意蕴

港湾、依恋。

三、当归箴言

我们一直都在寻找一种幸福的生活，疲倦的船儿只想找个平静的港湾，暂时停下漂泊的旅途，有个安详的浅眠，迎接新的日出。避风的港湾，我们顽强拼搏头破血流，我们风里来雨里去披星戴月，可有的时候我们历尽千幸万苦，才发觉我们只不过是从终点又回到了起点，忽略了最简单的真实，那就是脚踏实地。

四、神奇药用

（一）功效主治

补血、活血、调经止痛、润燥滑肠、血虚诸证、月经不调、经闭、痛经、崩漏、虚寒腹痛、肌肤麻木、肠燥便难、赤痢后重、跌扑损伤、调节机体免疫功能、具有抗癌作用、护肤美容作用、补血活血作用、抑菌、抗动脉硬化作用。

（二）相关文献

（1）《注解伤寒论》：脉者血之府，诸血皆属心，凡通脉者必先补心益血，故张仲景治手足厥寒，脉细欲绝者，用当归之苦温以助心血。

（2）《本草新编》：当归，味甘辛，气温，可升可降，阳中之阴，无毒。治肌热燥热，困渴引饮，目赤面红，昼夜不息，其脉洪大而虚，重按全无：黄耆一两，当归（酒洗）二钱。上药作一服，水二盏，煎至一盏，去滓，温服，空心食前。

（三）实用妙方

治盗汗：当归、生地黄、熟地黄、黄蘖、黄芩、黄连各等分，黄芪加一倍。

上为粗末,每服五钱,水二盏,煎至一盏,食前服,小儿减半服之。

五、清新美味

(一) 当归土鸡汤

原料:土鸡、当归、花生仁、红枣、黑木耳、姜片。

做法:

(1) 土鸡切块,清水洗净备用。

(2) 锅内加水烧开,倒入鸡块焯掉血水捞起。

(3) 将焯好水的鸡块放入高压锅,加水(水没鸡肉约1公分的量),加入姜片,当归,花生仁,黑木耳一起炖。

(4) 高压锅气阀响约40分钟即可关火,食用时加入盐、胡椒、鸡精调味即可。

当归味甘、辛,性温。归肝、心、脾经。

(二) 当归桂圆菊花羊蹄汤

材料:羊蹄750克、枸杞子15克、桂圆肉10克,当归5克,陈皮3克,白菊花5克。当归桂圆菊花羊蹄汤

调料:料酒、姜片、盐各适量。

做法:

(1) 羊蹄处理干净,切块,焯后捞出;枸杞子、桂圆肉、当归、陈皮、白菊花分别洗净。

(2) 碗中放入羊蹄、枸杞子、桂圆肉、当归、陈皮、料酒、姜

片，加适量水，盖上盖，放入沸水锅中，隔水炖 2 小时，至羊蹄熟烂。

（3）打开盖，去掉姜片、陈皮，放入白菊花、盐，煲 5 分钟即可。

如果羊蹄用热油炸过后再煲汤，可以使用油脂减少，口感更加爽滑。

（三）当归粥

主料：当归、红枣、粳米、白糖。

做法：

（1）将当归洗净后放入沙锅内，用温水约 600 毫升浸泡 10 分钟，在火上煎熬两次，每次煮沸后再慢煎 20 至 30 分钟，共收汁 150 毫升。

（2）红枣浸泡洗净。

（3）粳米淘洗干净。

（4）将粳米、红枣、白糖同入锅中，加入药汁，加水适量煮粥。

六、美好传说

传说在很久以前，蛮人常常侵犯我国边界，皇上召集天下壮士征战边疆，保卫国土，有一个新婚不久的青年也被应征入伍，奔赴沙场，由于战争频繁，3 年与家中不通音训。

年老多病身患残疾的母亲，思子心切，每日烧香祈祷，念念有词："老母多病残疾，沙场征子当归。"

媳妇更是想念丈夫，常常夜不成眠，日不思餐，加上里外操劳，身体逐渐垮下来。

面黄肌瘦,头晕眼花,心慌气短,经血不调,最后卧病在床难以行动,她在床上反复呻吟道:"母残危,子当归;妻病危,夫当归!"多亏老药工每天送来一种芳香草药给她们婆媳服用,她们才算保了性命。

再说边疆战士,奋勇拼杀,终于扫平敌寇,得胜还朝。皇帝论功行赏,封冠加爵。而这个当年的新郎官扣头谢恩,却不愿意受封。

皇帝很奇怪,问他为什么不做官食禄?他恳切的说:"老母多病残疾,爱妻空房情悲,今日边疆无危,战士理应当归。"皇帝只好准其还乡孝母慰妻。

他回到家,老母添了精神,妻病好了大半。

婆媳都说:"多亏了老药工天天来送药,才把我们从阎王那拉回来。"老药工和乡亲们都来看他。

乡亲们说:"你母亲天天念叨子当归,你媳妇天天喊夫当归,终于把你盼来了!特别是老药工的那味药,才救了你母亲和媳妇的命。"

他连声说:"感谢老药工,感谢乡亲们。但不知道老药工用的是何神药。"

老药工说:"采药一生,此药无名。"

他提议说:"母念子归,妻盼夫归,干脆就叫当归吧。"从此这味中药就有了真正的名字。

当归能补血活血、调经,如今是治疗妇科(尤其是月经病)的常用药。

19. 灯芯草

一、简介

灯芯草,又名水灯心、野席草、龙须草、灯草、水葱、赤须、灯心、碧玉草、铁灯心。是多年生草本水生植物,地下茎短,匍匐性,秆丛生直立,圆筒形,实心,茎基部具棕色,退化呈鳞片状鞘叶,穗状花序,顶生,在茎上呈假侧生状,基部苞片延伸呈茎状,花下具2枚小苞片,花被裂片6枚,雄蕊3枚,雌蕊柱头3分歧。褐黄色蒴果,卵形或椭圆形,种子黄色呈倒卵形。

二、灯芯草意蕴

温顺、顺从。

三、灯芯草箴言

我们收获无穷的抗争和突破,我们毕生收获了不同的风景。

四、生长环境

适宜生长在河边，池旁，水沟边，稻田旁，草地上，沼泽湿处。

五、神奇药用

（一）功效主治

利水通淋、清心降火。主治：淋病、水肿、小便不利、尿少涩痛、湿热黄疸、心烦不寐、小儿夜啼、喉痹、口舌生疮、创伤。

（二）相关文献

(1)《纲目》：降心火，止血，通气，散肿，止渴。

(2)《本草述》：灯心草，降心火，通气，为此味专长。心火降，则肺气下行而气通，故曰泻肺。心主血，火降气通，则血和而水源畅矣。小肠以下水分穴，下合膀胱水腑，使气化出焉，故主五淋，利阴窍。阴窍，肝所主也，肺气降则肝气和而阴窍利矣。其治喉痹最捷者，降心火，下肺气，和血散气之义也。

六、清新美味

（一）灯芯猪肉瘦肉粥

主料：100g大米、3扎灯芯草。配料：适量肉，适量盐。

制作步骤

(1) 大米半杯约 90 克,可以煲 2 碗粥左右,灯芯草 3 株,瘦肉适量。

(2) 灯芯草洗好。

(3) 大米洗干净放适量清水放入灯芯草大火煲。

(4) 大火煲开了改小火煲。

(5) 猪肉切薄片,小小块的,容易熟用猪脸肉不油腻,又爽滑。

(6) 猪肉用生抽,生粉,一点点油拌匀。

(7) 粥煲到够绵了,大概煲 20 分钟左右,放入调味的猪肉,搅散开,中火煲

(8) 煲 4~5 分钟猪肉熟了放适量盐调味。

(9) 煲到又绵又滑的灯芯草瘦肉粥。

小贴士

灯芯草煲汤或煲粥一般要煲 30 分钟左右会比较好。

(二) 灯芯草粥

原料:灯芯草 6 克,石膏 10 克,山栀子 3 克,粳米 30 克。

灯芯草粥的做法:

先煎石膏、山栀子、灯芯草,久煎取汁去渣,加入粳米共煮成粥。

用法:每日 2 次服食。

功效:清热泻脾。适用于小儿流涎,或口舌生疮,烦躁不宁。

粳米的营养价值

粳米,又称大米、精米。粳米含有人体必需的淀粉、蛋白质、脂肪、维生素 B1、维生素 B2、烟酸、维生素 C 及钙、磷、铁等营养

成分，可以提供人体所需的营养、热量。

七、美好传说

中国古代先人非常勤劳聪明，不知道谁人发现了灯心草的药性清热利尿功效，也不知道哪一位小商贩首先使用野席草，灯心草用作捆绑鱼鲜，肉片块，青菜，荷叶包干豆腐片再扎水茅草等等之用。

也不知道那一位聪明人首先把灯芯草茎的外皮剥去，把芯茎放在灯油盏盆子上，芯茎斜放在灯油盏盆边缘。

用火点着燃烧，早晚间多次加满油盏内菜油用作保留火种，及供奉神灵灶君之用，保留火种之意，免却需钻木取火，击硝石起火之烦劳操作。久而久之成为民间传承文化。特别在中国农耕社会。农民早上四五更天起床，禾草烧饭炉灶需要灯油盏灯火照明，男丁三四点钟起床外出犁田耙田，中午回家饥肠辘辘，可以吃到禾草烧饭炉灶仍有余热的香饭。在50年代初朝鲜半岛韩战爆发后，中国受到经济物资封锁，在当时，中草药灯心草都是需用品之一。

八、气质美文

灯芯草与我

灯心草，多年生草本植物，茎细长，叶子狭长，花黄绿色。

窗外，虽然阳光明媚，但风声依然凛冽，所以感觉仍很清冷。冬季，严酷的冬季，却离春天最近。我知道春天已经从远方启程，匆匆想赶在年关前拥抱我，替我赶走早已厌倦了的凄风苦雨交加的日子。此刻，我只有体验一种等待，一种绵长而难耐的等待。等待是一份煎熬，熬干了潮湿的心情，寂寞让我如灯心草一样枯萎无力。

而毕竟我听到了风尘仆仆的春意，细弱又娇脆，带着清晰的笑声，带着热乎乎的激动，带着诗意般无边的诱惑，浮现在我干涩的眼帘内层。在这个晚冬光线最充足的时刻，我以从来没有的专注，重温了关于"爱的奉献"的所有的旋律，以及那些因为矜持而没有具体化的"台词"。

我感到自己获得了一种独特的舒畅，得到了一份难言奇妙的安慰。我真的为那一句句诗意化的语言而沉醉，为那一丝丝寓于平常而超拔的素养而倾仰。我为自己庆幸：茫茫人海，万般遭遇中，我没有在若大的人群中选错"知己朋友"，一个像我自己一样内心最深处无依无靠的近似"空心"的另一棵"灯心草"。而其实我早应该有这种满足的，因为我是一直自信的，虽然那些自信中有太多的盲目，然而来自与满足而生的自信，却来的太晚了。也许我说的这些语无伦次的话很别扭难懂，而实际上我是想说，我被感动了——深深地感动了，有一种心灵得到了净化了的感觉。

你很清楚"这是一个谋生的时代"。真诚只能处在冷酷的社会夹缝中，没有可以完全赤裸的机会，也没有放飞灵肉的空间。你理解了我的苦衷，同时只有你也应该理解我的"玩世不恭"。反复阅读你的心意，我为"一直徘徊、在犹豫"而内疚，我为你"笑而开怀，烦恼顿消"而"笑而开怀"。但是我还是希望你用"心"再给我写一点独白，无论是谴责还是关爱，我都愿读。

此刻我心境若仙，不知身外何在。我仿佛已经看见那株灯心草向我绽开了花芯，芬芳无比。

20. 定经草

一、简介

定经草，别名：心叶母草，心脏叶母草。一年生草本，柔弱，全体秃净。茎下部伏地，长10～30厘米，花茎上举。单叶对生；卵形，长1～2厘米，先端短尖或钝，基部心形，边缘有锯齿。花单生于叶腋，花柄长于叶，或为顶生的总状花序；萼绿色，长4～5毫米，5裂至基部；花冠白色或淡紫色，长约8毫米；雄蕊4。蒴果圆柱形或矩圆柱状披针形，长为花萼之两倍，先端有宿存花柱。花期7～10月。

二、定经草意蕴

沉稳、安静。

三、定经草箴言

你若爱，生活哪里都可爱。你若恨，生活哪里都可恨。你若感恩，处处可感恩。你若成长，事事可成长。不是世界选择了你，是你选择了这个世界。既然无处可躲，不如欢乐。既然无处可逃，不如喜悦。既然没有净土，不如静心。既然没有如愿，不如释然。

——丰子恺

四、生长环境

生于田边或路旁。分布福建、广东、广西、台湾等地。

五、神奇药用

（一）功能主治

清热消肿、利水通淋、治风热目痛、痈疽肿毒、白带、淋病、痢疾、小儿腹泻。

（二）相关文献

(1)《泉州本草》："清热毒，消肿毒，通淋利水。治痈疽肿毒，五淋，遗精，月经不调，白带，尿血。"

(2)《广西药植名录》："清热解毒。治乳痈，腮腺炎，蛇头疮，蛇伤，气喘。"

六、气质美文

（一）晨光中的草精灵

一缕温蕴的晨光懒洋洋地洒向大地，穿透林间铺满小道。

踏着晨露，沐浴在清新而温润的空气里，
展开双臂迎面扑来的温暖，仿佛大自然之手轻轻的抚摸而过。
层叠的绿荫，肥沃的土地，散发着蓬勃的生命气息，沁入人心，
流畅在四肢百骸间，绝伦美妙的清新。
瞭望天地之间那一抹和谐之美，胸中无限宽广。
思绪带着感觉在天际翱翔，一丝一缕渗入，
自由的奔跑，落入凡间最惊艳的心湖。
倒映在微波荡漾的水面，翻腾起不经意间的刹那，
淡淡一笑而过，只是撩起了心底最温柔的一点心悸。
微微扬起头，闭上眼睛，远离喧嚣安静而沉着，
时间仿佛停止在这一刻。
深吸一口气，纯白干净如同婴孩，
没有吵杂的人群，没有尾气的硝烟，
一切都是透明的白，就像是育在母体中最初的美好。

语思：要学会静心，这样才能看见事物背后的真相。紧张时静静心，你会拥有一份从容和镇定；愤怒时静静心，你更能和风细雨地化解矛盾；疲惫时静静心，你会更有信心地走好后面的路；得意时，不要过分忘形，静心，你会发现这点成功实在是微不足道；失意时。不要盲目悲观，静心，你会发现自己其实有很多优点；痛苦时，不要借酒消愁，静心，你会发现看淡一点，快乐其实离你并不遥远；绝望时，不要意气用事，静心，你会发现生活的另一面正阳光灿烂、繁花似锦……来去匆匆的人生旅途中，停住脚步静心是件幸运的事。整理一下自己的心情，调整方向，再从容起程，或许能走出一个崭新的自我。

（二）小草告诉你

草根的凝聚力很强，一丝丝春风化雨，很快就手拉手连成一片。

捏成拳，抱成团，显示生命的力量，展现绿色的希望，踏出一片春天。

在广阔的乡村，它们见风而长，随处可见，随遇而安。

其中总有一些机警的草，充当先锋，或者驭风，或者驾车，或者剑走偏锋，挤进城市的缝隙。

在城市的缝隙里立足，顶着环卫逆风的背影扎根，顽强地生长。它们最终成为这个城市居无定所的居民，游走在喧哗与霓虹之间。

在经历了无数艰难屈辱与抗争后，它们用不屈的追求，草创了一片天地，一片属于自己的公园，享受着并不宽畅的茁壮，以及被水泥砼与噪声围观的清闲。

霜打不死，火烧不尽，卑微而不自卑，弱小而不软弱。草们自有其入住城市的生活逻辑，自有其安居缝隙的顽强性格，自有其立足水泥丛林的生活勇气。

（三）自然之奇迹

在我们美丽的大自然之中，有争奇斗艳的花朵；有参天的大树；有可爱的小动物……这些都是我所喜爱的。但是，我更爱大自然中不引人注目的小草。

冬天前脚刚走，春姑娘就迈着轻盈的步子悄悄地来到了人间。这时，你可曾注意到？这些小草已经卷土重来，生长出幼嫩的叶子。微风吹过，你仿佛看到小草正在向你弯腰。小草，用它翠绿的衣裳打扮着神州大地的每一个角落，为春天增添了光彩，使春天更加光

草的大千世界 上

彩夺目，给我们带来了一幅生机勃勃的美好景象。

春姑娘悄悄地走了，夏天不知不觉地来到人间。这时，你可曾注意到这些小草？在烈日当空下，太阳炙热着大地，大地非常地炎热。美丽清香的花朵因为太阳光的猛烈，耷拉着脑袋，显得没有什么精神。可是，小草并没有这样，而是勇敢地抬起头，顽强地生长着。当暴风雨来临时，任凭风吹雨打，把它打得东倒西歪，它都没有屈服，依然牢固地扎根在泥土里，顽强地生长着。

夏天不知不觉地走了，秋天轻轻地来到人间。这时，你可曾注意到这些小草？风儿轻轻一吹，它们便把身体扭向一边，以优美的舞姿向人们祝贺秋天的丰收季节，给我们带来了绚烂的世界。

秋天轻轻地走了，天寒地冻的冬天来临了。这时，你可曾注意到这些小草？在寒气逼人的天气，人们冻得缩成一团。可是小草呢？冬天的小草已面色饥黄，领教过凛冽的寒风，大地的封冻，依然永不泯灭有着要复苏的意向。

"离离原上草，一岁一枯荣。野火烧不尽，春风吹又生。"这正是你的真实写照。

小草——绿色的天使，让大地更加生机盎然；小草——美丽的精灵，给世界增添了乐趣；小草——可爱的使者，让到处充满希望的色彩。

大自然的小草，我爱你！你是平凡的，又是伟大的。面对生活中的困难，你并没有退缩，而是勇敢、顽强地与困难作斗争。小草你这种坚强不屈，在困难面前决不低头的精神是我学习的好榜样。我要以你为荣，像你一样坚强、勇敢，做一个不怕困难的小雏鹰！在广阔的蓝天中自由飞翔！

21. 防风

一、简介

防风属多年生草本，高30厘米~80厘米。根粗壮，长圆柱形，有分枝，淡黄桂冠色，根斜上升，与主茎近等长，有细棱。基生叶丛生，有扁长的叶柄，基部有宽叶鞘，稍抱茎；叶片卵形或长圆形，长14厘米~35厘米，宽6厘米~8厘米，2~3回羽状分裂，第一回裂片卵形或长圆形，有柄，长5厘米~8厘米，第二回裂片下部具短柄，末回裂片狭楔形，长2.5厘米~5厘米，宽1厘米~2.5厘米；顶生叶间化，有宽叶鞘。复伞形花序多数，生于茎和分枝顶端，顶生花序梗长2厘米~5厘米，伞辐5厘米~7厘米，长3厘米~5厘米，无毛，无总苞片；小伞形花序有4厘米~10厘米，小总苞片4厘米~6厘米，线形或披针形，长约3毫米；萼齿三角状卵形；花瓣倒卵形，白色，长约1.5毫米，无毛，先端微凹，具内折小舌片。双悬果狭圆形或椭圆形，长4~5毫

米，宽 2~3 毫米，幼时有疣状突起，成熟时渐平滑。花期 8~9 月，果期 9~10 月。

二、防风意蕴

防御伤害、镇定。

三、防风箴言

人生能够不劳而获的，只有贫穷、懒惰、疾病、绝望，有梦想不去实践，那是无中生有的空幻，行动是唯一通向彼岸的疾舟。总有困惑、犹豫、迷茫和误入歧途，那些阴沉的云霭，遮蔽着命运的阳光，我们需要的，是镇定、忍耐、坚持、改变，只要信念不死，奋斗就是另一种风景，失败就是另一种辉煌。有一种力量是来自心灵深处的，源自感情最深邃并且不可被外人触摸的一面。是信仰，也是坚持，它不受宗教与道德伦理所限。不息不扰，在胸口逐步跳升，是不可抵御到窒息的能量，因为与爱有关。

四、生长环境

生于草原、丘陵和多古砾山坡上。

五、神奇药用

（一）功效主治

功效：祛风解表、胜湿止痛、解痉、止痒。

主治：外感风寒；头痛身痛；风湿痹痛；骨节酸痛；腹痛泄泻；肠风下血；破伤风；风疹瘙痒；疮疡初起。

（二）相关文献

（1）《本经》：主大风头眩痛，恶风，风邪，目盲无所见，风行周身，骨节疼痹，烦满。

（2）《日华子本草》：治三十六般风，男子一切劳劣，补中益神，风赤眼，止泪及瘫缓，通利五脏关脉，五劳七伤，羸损盗汗，心烦体重，能安神定志，匀气脉。

（三）实用妙方

（1）治四时外感、表实无汗用九味羌活汤。方用防风、羌活、苍术、白芷、生地、黄芩各9克，川芎6克，细辛、甘草各3克，水煎服。

（2）治脾胃虚弱所致大便溏泄，方用升阳益胃汤。用黄芪60克，半夏、人参、炙甘草各30克，防风、羌独活、白芍各15克，橘皮12克，茯苓、泽泻、柴胡、白术各9克，黄连6克，加姜3片、枣3枚，水煎服。

六、清新美味

（一）鸡肉蔬菜汤

材料：

鸡1只，防风草1根，切片；白萝卜1个，切块；胡萝卜2个，

切块；芹菜2棵，切块；大韭菜1棵，切块；洋葱1个，切块；新鲜欧芹3株，新鲜莳萝3株，盐适量，新鲜黑胡椒粉适量

做法：

（1）将鸡、防风草、白萝卜、胡萝卜、芹菜、大韭菜、洋葱、欧芹和莳萝放入8升大锅里，加水淹过鸡和菜，烧开。盖上锅盖，将火调小，用小火炖煮2小时。

（2）将整只鸡从汤里捞出来，去皮，剔除骨头，只留下鸡肉放置一边待用。弃掉鸡皮和骨头。将欧芹和莳萝捞出弃掉。

（3）将所有的菜用漏勺从锅里捞出，用搅拌机将菜搅成菜泥再放回汤锅里。再将剔下的鸡肉放回汤里。加盐和胡椒粉调味即可。

（二）防风香汤

材料：

蔬菜清汤850毫升，烹饪用大苹果1个，欧洲防风550克，中等大小洋葱1颗，葵花籽油1汤匙，大蒜1瓣，香菜（芫荽）末2茶匙，小茴香粉1茶匙，姜黄粉1茶匙，盐适量，牛奶300毫升，点缀，香菜（芫荽）数枝，原味酸乳酪4~6汤匙。

做法：

（1）蔬菜汤以文火加热。苹果、欧洲防风去皮，苹果切成4瓣，去芯。苹果、欧洲防风切块待用。

（2）洋葱去皮切碎。锅烧热，下葵花籽油，放入洋葱煎软。

（3）大蒜去皮切成粗粒，放入锅中。加入香菜末、小茴香末和姜黄粉，煮一分钟。

（4）热汤倒入锅中，加苹果、欧洲防风和盐。煮沸后调低火力，加盖焖15分钟。

（5）香菜洗净沥干，摘下叶子。

（6）锅离火，注入牛奶，拌匀。用食物调理机或搅拌机把汤调成糊状，重新加热。

（7）汤舀到碗中，用香菜叶点缀即可。

（三）防风粥

原料：防风10～15克，葱白2茎，粳米50～100克。

做法：取防风、葱白煎取药汁，去渣取汁。粳米洗净煮粥，待粥将熟时加入药汁，煮成稀粥。

用法：每日2次，趁热服食，连服2～3日。

功效：祛风解表，散寒止痛。适应于感冒风寒、发热畏冷、恶风、自汗、头痛、身痛、风寒痹痛、关节酸楚、肠鸣腹泻。对老幼体弱的病人较适宜。

七、美好传说

传说古时大禹治水，当"江河顺畅"之时，在会稽大会诸侯，论功行赏，并筹划日后的治国大计。各州省诸侯，纷纷赶到，会稽山下一片欢腾，史称"执玉帛者万国"。同大禹的父亲一起治过水，如今又帮助大禹在浙江山地治水的防风氏，却没有赶到。大禹以为防风氏居功自傲，瞧不起他。过了一天，防风氏赶到了，大禹一怒之下，便下令杀了防风。防风被杀，这真是天大的冤枉。因为他从浙江赶到会稽，要经过苕溪和钱塘江，当时因为苕溪又发大水，防风氏接到通知，虽然日夜兼程，还是迟到了。防风被无辜冤杀，当时从他头中喷出一股股白血。大禹感到奇怪，便命人剖开防风的肚皮，细看其满腹都是野草，这才知错怪了防风，大禹后悔莫及。防风死时喷出的一股股白血，散落在山野里，长出一种伞形羽状叶的小草。后来当地乡民为治水受了风寒，头昏脑涨，浑身酸痛，非常难忍。病人中有人梦见防风要他们吃这种草，说是能治风寒病。乡民们试着一吃，果然病就好了。乡亲们说："这是防风神留给我们的冤魂神草，就叫它'防风'吧！"

22. 风铃草

一、简介

风铃草，又名钟花、瓦筒花原产南欧，株形粗壮，花朵钟状似风铃，花色明丽素雅，在欧洲十分盛行，是春末夏初小庭园中常见的草本花卉，花（果）期：花期4月~6月，风铃草属植物，约300种，一年生、二年生或多年生草本。花钟状，通常蓝色，主要原产于北温带、地中海地区和热带山区。有许多栽培观赏种。常以它表达健康、温柔可爱。

二、风铃草意蕴

风铃草，因为可爱的外形酷似风铃，一直受到人们的喜爱，

也被寄予众多希望。

（一）创造力。纪念西元五世纪意大利圣人坎特帕里的大主教圣帕里努斯，他的艺术天份为人们创造了许多优美的诗歌。因此，这种花的花语是创造力。爱德华·波诺说："毫无疑问，创造力是最重要的人力资源。没有创造力，就没有进步，我们就会永远重复同样的模式。"

（二）来自远方的祝福。距离再长，也隔不断朋友的思念；时间再远，心中有朋友也不会孤单；心灵驿站，永远是一个温馨的港湾；珍贵的友情总是一点一滴凝聚起来的，它包含了许多欢笑、温馨、浪漫，许多记忆。在人生之旅我有真挚的友情，虽天各一方，却阻隔不了彼此友谊的思念，愿我们都能珍惜这份浓厚的友谊，期盼真挚友谊到永远。

（三）感谢。感恩是一种处世哲学，是生活中的大智能。人生在世，不可能一帆风顺，种种失败、无奈，都需要我们勇敢地面对、旷达地处理。这时，是一味埋怨生活，从此变得消沉、萎靡不振？还是对生活满怀感恩，跌倒了再爬起来？英国作家萨克雷说："生活就是一面镜子，你笑，它也笑；你哭，它也哭。"你感恩生活，生活将赐予你灿烂的阳光；你不感恩，只知一味地怨天尤人，最终可能一无所有！成功时，感恩的理由固然能找到许多；失败时，不感恩的借口却只需一个。殊不知，失败或不幸时更应该感恩生活。

（四）嫉妒。嫉妒心是荣誉的害虫，要想消灭嫉妒心，最好的方法是表明自己的目的是在求事功而不求名声。

（五）其他：永远的羁绊、温柔的爱、坚贞感激。

三、风铃草箴言

是什么，来得悄无声息，走得不留痕迹，却激起所有色彩的轻舞飞扬？

是什么，走得不留痕迹，来得悄无声息，可留下穿越一季的倾情歌唱？

是什么，轻轻地来了，又悄悄地走了，在收获的季节留下飘垂的金黄？

是什么，悄悄地走了，又轻轻地来了，为沉寂的大地纺出洁白的梦想？

哲人对着蓝天微笑："是时间。"

孩童握着风筝拍手："是风。"

流浪者说："什么都不是，只是一个梦。"

四、生长环境

生于阴坡山地或灌丛和林缘的坡上。美洲风铃草，原产于北美潮湿林地，丛生于山地石堆。

五、神奇药用

性味：味苦，性凉。功能与主治：清热解毒，止痛。用于咽喉炎，头痛。

六、古韵

（一）风铃草

铁线莲

愁情多因落叶生，
流水有义自向东。
昨夜清辉溪间照，
今朝霜枫映日红。
轻云漫卷碧天阔，
薄雾暗吟玉露凝。
但看枝头秋浓处，
人生何处无香萍。

（二）风铃草（现）

风铃草对着美妙的夜空微笑
风把自己吹得轻飘飘
甜美的风铃在飘荡
风铃草陶醉地顺风飘摇
一颗小草也会有一个梦想
在这个奇奇怪怪的世界上
无论梦想会不会实现
只要追着那个方向
千万不要放弃

一丝丝的希望

命运掌握在你手中

我的风铃草带着美好的愿望

七、美好传说

希腊神话中出现的风铃草,因为清新秀丽,被太阳神阿波罗热爱。嫉妒的西风便狠狠地将圆盘扔向风铃草的头,这时流出来的鲜血溅在地面上,便开出了风铃草的花朵。因此,风铃草其中一个花语就是嫉妒。

八、气质美文

一季风铃草

你是用这样的方式来表达,你的惊奇你的愉悦吗?

一个早晨让我碰上你脉脉深情的眼睛,微笑漾在你的嘴角。老井沉重的喘息,平静下来。

我知道今天是个很好的天气,尽管太阳仍在云幔后沉睡。

细细捉捕你,轻轻拂手的感觉,轻柔妙曼的乐曲,就在天地间弥漫,你的神情美丽!

忽然就迷恋你的音容,你的娇黄嫩绿令群花失色。在这样一个季节,我已为你倾醉。

与新柳隔着几步之遥,无言已胜过万语。

我是春中的一只绿蜻蜓,粉化在你清丽的梦中长醉不醒。

我秉承祖先的遗志，抱着断弦的琴声觅知音。那一盏盏不熄的明灯月烛，那一首总不完整的歌，任夜露滴落在眉睫之上。

　　回首是烟云四起的迷茫。飞马与古剑从雾中穿来，尽管是豪言壮语，力挽狂澜，泪湿襟裳。看过之后，我依然要一日三餐，步步为营。

　　打开你包着的情绪，每一次的探望，是你送我在路上的回忆。

　　新柳与你相望，默契。涂去你面颊的羞涩之后，蓓蕾，几时见你的桃色？

　　春末，满树的花香。

　　花尽在眼帘之内开放，绿尽在心上着色。

　　你说，将要去远行，带着孤独，去品味人生另一个境界。

　　这时节的风雨总不洒脱。几度柳暗花明，几经峰回路转。今天，你依然恋着这座静静的庭院。

　　站上枝头唱歌，告别亲人或朋友。大漠的沙滚滚的，就这样覆盖了一株新草。

　　心上没有雨期，尽管雨在天花板上不停的下着。小溪的流水轻轻地吟唱，下种是在雨季之后吗？

　　传说中的神鹰已把飞翔的影子投下。没有什么言语，你就这样——启程了吗？

23. 凤蝶草

一、简介

　　凤蝶草，别名：紫龙须、风蝶草，科属：白花菜科醉蝶花属。

形态：1年生草本。植株有强烈的气味。叶片掌状裂开，小叶5~7枚成矩圆状披针形。总状花序顶生，花由底部向上层层开放，花瓣披针形向外反卷，花苞红色，花瓣呈玫瑰色和白色，雄蕊特长。蒴果圆柱形，种子浅褐色。花期6~9月。

二、凤蝶草意蕴

自我欣赏、自信。

三、凤蝶草箴言

我不是最美丽，但我可以最可爱；我不是最聪明，但我可以最勤奋；我不是最富有，但我可以最有情趣；我不是最健壮，但我可以最乐观。生活，就是面对现实微笑，就是越过障碍注视未来；生活，就是用心灵之剪，在人生之路上裁出叶绿的枝头；生活，就是面对困惑或黑暗时，灵魂深处燃起豆大却明亮且微笑的灯展。

四、生长环境

地栽可植于庭院墙边、树下。盆栽可陈设于窗前案头，应控制株形，勿使长得太高。喜温暖，耐炎热，不耐寒。夏季为生长期，遇霜冻植株即枯死，喜阳光，略耐半阴。

五、凤蝶草功用

装饰应用：凤蝶草花梗长而壮实，总状花序形成一个丰茂的花球，色彩红白相映，浓淡适宜，尤其是其长爪的花瓣，长长的雄蕊伸出花冠之外，形似蜘蛛，又如龙须，颇为有趣。开放时，花瓣慢慢张开，长爪由弯曲到从花朵里弹出，其过程如同电影快镜头慢放一般。

六、美好传说

关于凤蝶草这个名字，还有一个悲伤的传说，在某个地方，曾经有一羽蝴蝶，这蝴蝶有一天在花草丛中看到另一只非常精致美丽的蝴蝶，并且爱上了那羽蝴蝶，可是它喜欢上的那蝴蝶，一直落在花上，一动也不动，即使这样，它还不断地求爱，消耗着自己的生命，不分昼夜。终于，这蝴蝶耗尽了力气，落向了地面，那成美丽的翅膀被风吹散，虽然很像蝴蝶，但又绝不是蝴蝶的那花朵，在威风中摆动着花瓣，仍然伫立在那里。

七、古韵

丰乐亭游春

欧阳修

红树青山日欲斜，长郊草色绿无涯。

游人不管春将老，来往亭前踏落花。

八、气质美文

凤蝶草

　　一大片的凤蝶草在一个夜晚里盛开了。

　　白色的花瓣，青绿的条状叶铺满了整个园地，还有的生在道路两旁。第一眼映入眼甚感其凄迷。随后对这些花的留意淡了，直到觉察到它们在一瓣一瓣，一朵一朵地凋萎，才忽然有了留恋和爱惜。可是流水已去，空自叹息，无可奈何之极。

　　凤蝶草栽于樟树林间，似乎是极喜阴的性格。在仲春之际，樟树勃发的绿叶遮掩了很大的一部分阳光，使它独宠与树荫之下。其它地方的春天当是花团锦簇，百芳争艳的，然在这片天地里，凤蝶草却大有独霸一方的势力。可是又丝毫看不出来做作和骄横，丝毫感觉不到铺张扬厉，整片的青叶白花全赖与人的心裁。

　　凤蝶草没有香味，好像连花蕊也没有，所以少了蜜蜂，少了喜欢花香的昆虫的袭扰，也免去了昆虫齿噬的痒痛，只安静的开放。冰心说，花之香味不妙，宁可无香。这于人是益处，于花自己也是裨益。

　　在夜晚，透过浓密的樟树叶，遥遥与星辰相对，使得夜更静，更清。若是一个人落寞地走在软泥的道路上，踏着被春风萎落的樟叶，萧索的气息里夹着喳喳……一串串疏松的轻响，当真会精神为之一振，气为之爽。如果凉风会来助兴，手臂会立时敷上一层清凉。借着月色向花丛中望去，从幽暗的林叶间瞧见了朦胧的白花，一点一点的，反佛睡梦里依稀的星星。宛然没有营火虫那亮光的神秘，可又是恰当的清丽可人。

别处的春天，花海绚烂流溢。是无一处不显出艳浮的。这也只出于人的心境，所生之情"惜春""伤春"云云，亦是如此。或恰好凸现了人的不足之心。花自凋落，人自生活，四时移换，来来回回，长久不衰，原本各不相干。任何伤感叹惜于我赏这一园凤蝶草是有害的。可能是它们的色彩朴素，没有引起我眼球猛烈的冲击。之印象不深刻，然回味不可称不隽永。只觉朴素是审美的终极归宿。缤纷五彩，只能强烈的刺激神经，使感情汹涌，或喜之过度，或伤之过甚，于身心是重重的损伤。

我极讨厌在花丛中找寻浪漫，体验快感的。花之性情被人赋上了美丽纯洁的意蕴。人当远观其妙，切不必亵玩于手。更不可随处践踏、摘玩。于人是得了极肤浅而快意的享受，可是伤害了花之身心。不少情侣，衣着光纤，成双入对或坐或站，或走或逐于浅草花丛，嬉闹情热。我甚痛心。然又不能横加斥责，强加干预。只看得他们情倦之后，双双离去了，那些被灼伤的花草殒命腐烂。以前对攀梅折桂之事是不留心在意的，然旁人对这大好一片凤蝶草的伤害却钻入我心。

凤蝶草，听之名字已带娇气，我不爱其性格，只爱其朴素，其无香之妙，亲切之感，不带神秘。以花喻人而言，凤蝶草恍若单纯女子。使平淡里添了少许懵懂之感。

花开只是瞬间的事，而花凋也甚是匆匆。只盼得明年再赏……

24. 凤凰草

一、简介

豆科，凤凰草属全草。为多年生草本植物，茎四棱形，全株有柔毛，叶互生，偶数羽状复叶。凤凰草分布于我国呼伦贝尔草原大兴安岭段，同物异名植物东北三省都有分布，但兴安岭属种与其它地区同属种，成分、功用差别很大，是一个特殊亚种，也就是物种变异，正如"橘生淮南则为橘，生于淮北则为枳"，水土气候差异造成。

二、凤凰草意蕴

分享、积极、奋斗。

三、凤凰草箴言

友谊的一大奇特作用是：如果你把快乐告诉一个朋友，你将得到两个快乐；而如果你把忧愁向一个朋友倾吐，你将被分掉一半忧愁。所以友谊对于人，真像炼金术所要找的那种"点金石"。它能使黄金加倍，又能使黑铁成金。——弗兰西斯·培根

四、神奇药用

（一）功能主治

凤凰草具有舒筋、活血、通络、止痛、祛风、对风湿骨痛有显著作用。当地牧民用它煮水洗发、洗脸、洗身子，可解除无皮肤病的皮肤瘙痒，老年性皮肤瘙痒，外阴痒，保护角质层，控制头油分泌，当地人长期使用凤凰草洗发，因此每个人头发都很好。

（二）实用妙方

（1）无皮肤病的皮肤瘙痒：鲜品120～150克，干品50～75克，加凤凰草籽粉5克左右，加适量水煎煮后熏洗。

（2）老年性皮肤瘙痒：鲜品120～150克，干品50～75克，加凤凰草籽粉5克，加适量水煎煮后熏洗。

（3）外阴瘙痒：鲜品50克，干品25克，水煎取液熏洗外阴。

（4）风湿骨痛：鲜品30～40克，干品15～20克，水煎分三次服，每日二次（注：不可久煎）。

（5）脂溢性脱发：鲜品150克，干品35～50克，水煎熏洗头发，10～20分钟，每日一次。

（6）去黑头：鲜品20～30克，干品5～10克，水煎取汤洗黑头处，每次二次。

五、同名异物

凤凰草同名异物现象中药材中有多个叫做凤凰草的同名异物植物，应加以严格区分。

（一）凤尾七

(1) 别名：凤尾草、凤凰草、香景天

(2) 功能主治：补血调经，养阴。用于月经不调，阴虚潮热，头晕目眩，妇女虚劳。

(3) 形态特征

此药为景天科植物小丛红景天的干燥全草。因其地上部分红棕色，形如凤尾，故得此名。小丛红景天为多年生肉质草本。植株矮小。地下生有较粗壮有分枝的根茎。地上常有残留的老枝；茎直立或弯曲，不分枝。叶小，线形32生。花白色或红色，常有4~7朵。6~7月开花。8月结果。仅分布于大神农架、小神农架。

(4) 生长环境：生长于海拔2900米左右的山顶岩缝中，产区很狭小，资源极少。

（二）凤冠草

(1) 别名：凤凰草、凤尾草、三叉草、小凤尾、翠云草、山凤尾、井边茜、凤尾蕨、凤凰尾、鸡脚草、半边草、白蕨、黑边草、三叉草。

(2) 功能主治：清热；利湿；凉血止血；解毒消肿。痢疾；泄泻；疟疾；黄疸；淋病；白带；咽喉肿痛；痔疮出血；外伤出血；

跌打肿痛；疥疮；湿疹。

(3) 形态特征

多年生草本，根茎短细，斜升或匍匐，有条状披针形鳞片，赤褐色。叶簇生，叶柄禾秆色，上面光滑，有四棱；生孢子囊的叶片矩圆状卵形，回羽状分裂；不生孢子囊的叶较小，小羽片矩圆形或卵状披针形，边缘有尖锯齿。孢子囊群线形，连续排列于孢子叶边缘，但小羽片的顶部及基部无孢子囊分布，有羽片3～5对，下部的羽片有柄，向上无柄，有侧生小羽片1～3对，或有时仅为2叉，顶生小羽片特长，和其下的一对合生，小羽片披针形，除不生孢子囊的顶部有细锯齿外均全缘。

(4) 生长环境：生于海拔150～1000m的溪边、草地或灌木林下。

六、气质诗文

（一）小草和大树

小草和大树生活在一个地方，
本来是和和睦睦，
偏偏大树自傲自大看不起小草。
于是，小草和大树理论评说。
也许，你觉得自己如何高大挺拔，
可我不愿循你的枝叶攀顶，
我喜欢用温柔染绿大地，
不愿与争抢你头顶的空间，

你以为人们如何对你投以青睐,

可是没有我的陪伴,

怎么能显示出你的高大,

瞧看细细的尖间,

我已疲倦无休止的仰望,

也讨厌你那幅自大的尊容。

但我倾心与你的伟岸,

你用绿枝展示勃勃的生命,

我用温柔和娇小昭示和谐。

大地说,我和你一样美丽,

春天说,你们供给人间新绿。

于是,大树羞的满脸懊悔,

小草和大树握手讲和,

我们都是大地的孩子,

高大与娇小相伴,

温柔和粗犷相恋,

世界因小巧玲珑而也丰富,

人间因挺拔伟岸而多彩。

语思:

　　小草的生命是那么顽强,不管生活多么恶劣,多么不适合植物生长,小草从不抱怨,又那么谦虚,认为没有给自己一点营养的岩石妈妈最伟大。

　　在现实生活中又有多少人和小草一样,他们没有优越的条件,没有可以帮助自己的东西,在人生道路上遇到无数的困难,他们艰难而坎坷地行进着。有着积极向上的心态。有些人只会抱怨上天对自己的不公平。让自己摔跟头、自己却不去改变命运，用意志打到一切。像小草一样不退缩，利用好阳光、雨水、春风，顽强克服一切困难。

25．甘草

一、简介

甘草是一种补益中草药。药用部位是根及根茎，药材性状根呈圆柱形，外皮松紧不一，表面红棕色或灰棕色。根茎呈圆柱形，表面有芽痕，断面中部有髓。气微，味甜而特殊。主治清热解毒，祛痰止咳、脘腹等。喜阳光充沛，日照长气温低的干燥气候。

二、甘草意蕴

清爽可人。

三、甘草箴言

每个人都应该珍惜现在的生活，都要让自己活得更有价值和意义，活得开开心心。只有珍惜现在

的时光，把握好今天，才有可能立足于明天。许多年后，当我们回味过去时，惟一能让自己不后悔的办法，就是把握当初的每一分每一秒，认识到每一天其实都是特别的，都是上天的恩赐，从而更加珍惜当前的生活，拥抱美丽的生命。

四、生长环境

甘草多生长在干旱、半干旱的荒漠草原、沙漠边缘和黄土丘陵地带，在引黄灌区的田野和河滩地里也易于繁殖。它适应性强，抗逆性强。在我国，甘草生长在西北、华北和东北等地。喜干燥气候，耐寒。

五、神奇药用

（一）功能主治

治五脏六腑寒热邪气，坚筋骨，长肌肉，增气力，解毒，久服轻身延年。生用泻火热，熟用散表寒，去咽痛，除邪热，缓正气，养阴血，补脾胃，润肺。

补脾益气：

用于心气虚，心悸怔忡，脉结代，以及脾胃气虚，倦怠乏力等。

缓急止痛：

用于胃痛、腹痛及腓肠肌挛急疼痛等，常与芍药同用，能显著增强治挛急疼痛的疗效，如芍药甘草汤。

祛痰止咳：

甘草有止咳化痰作用，用于气管炎，肺气肿的病引起的咳嗽痰多，气喘，黏痰不易排出等症。

清热解毒：

用于痈疽疮疡、咽喉肿痛、湿毒，有抗菌消炎作用。也可用于减少其他中药的解毒作用。

（二）相关文献

(1)《别录》：温中下气，烦满短气，伤脏咳嗽，止渴，通经脉，利血气，解百药毒。

(2)《日华子本草》：安魂定魄。补五劳七伤，一切虚损、惊悸、烦闷、健忘。通九窍，利百脉，益精养气，壮筋骨，解冷热。

六、清新美味

（一）甘草小麦枣汤

材料：

甘草9克，小麦30克，大枣10克。

做法：

此汤甘润滋养，养神宁神，和中缓急。可用于各种神经系统疾病，适宜于心气不足，阴虚血少、肝气郁滞所致的脏躁症，症见精神恍惚，常悲伤欲哭。心中烦乱，不能自主，睡眠不宁，记忆力减退，或失眠，盗汗，舌红苔少等。

制作过程：

（1）将小麦、大枣洗净，甘草洗净放入锅内加水煎煮。

（2）将甘草连煎2次，然后取2汁混合备用。

（3）将小麦、大枣及甘草汁一起放入煲内，煮至小麦大枣熟烂即可。

（二）甘草酸梅汤

酸酸甜甜的滋味具有清凉解渴及开胃的效果，对于食慾不振或刚吃完油腻食物的人能有效舒缓肠胃的不适感，若不加冰糖可以当成瘦身饮品。

材料：

乌梅6粒，山楂10克，洛神花5克，甘草3片，桂花酱7克，冰糖适量，水适量。

做法

（1）将材料与水一同加入锅中，先以大火煮至沸腾后，转小火续煮约1小时即熄火。

（2）先将锅中的青草材料过滤后，再加入冰糖搅拌均匀，静置待凉即可。

（三）甘草鱼丸红薯汤

材料：

甘草20克，鱼丸200克，红薯1根，葱姜少许，盐3克，清水1200克

做法：

（1）红薯去皮切成块、加入甘草、清水、姜，上汤煲大火煮沸。

（2）转文火煲 20 分钟。

（3）加入鱼丸和葱段。

（4）转旺火煮沸，继续煲 15 分钟。

（5）最后加盐调味就可以了。

七、美好传说

从前，在一个偏远的山村里有位草药郎中，医术精湛，有一天，郎中赴外地给乡民治病，临行时给妻子留了几包事先包好的药，准备应付到家里来的病人。谁知天有不测风云，他离家后连续下了几天雪，大雪封山，故多日未归，留给妻子的几包药很快就用完了，家里又来了很多求医的人。郎中妻子没有办法，看看这么多人坐在家里等她丈夫回来治病，而丈夫一时又不回来。她暗自琢磨，丈夫替人看病，不就是那些草药嘛，一把一把的草药，一包一包地往外发放，我何不替他包点草药把这些求医的人们打发了呢？她忽然想起灶前烧火的地方有一大堆草棍子，拿起一根咬上一口，觉得还有点甜，就把这些小棍子切成小片，用纸一包一包分包好，又一一发给那些来看病的人，说："这是我们家老头子留下的药，你们拿回去用它煎水喝，喝完了病就会好的。"那些早就等得着急了的病人们一听都很高兴，每人拿了一包药告辞致谢而去。谁知那些患了脾胃虚弱的病人、患有咳嗽痰多的病人、患有咽痛的病人、患有痈疽肿痛的病人、患有小儿胎毒的孩童等吃了这些甜丝丝的干柴，病都好了。过了几天，当郎中回家后，有好几个人拎了礼物来答谢他，说吃了他留下的药，病就好了。郎中愣住了，他妻子心中有数，悄悄地把他拉到一边，如此这般地小声对他说了一番话，他才恍然大悟。他问妻子给的是什么药，他妻子拿来一根烧火的干草棍子说："我给他们的就是这种干草。"草药郎中问那几个人原来得了什么病？他们回答说，有的脾胃虚弱，有的咳嗽多痰，有的咽喉疼痛，有的中毒肿胀……可现在，他们吃了"干草"之后，病已经全部好了。从那时起，草药郎中就把"干草"当作中药使用，并用蜂蜜炮制后用以治疗脾胃虚弱、食少、腹痛便溏等；生用，治咽喉肿痛、痈疽疮疡、解药毒及食物中毒等。不单如此，郎中又让它调和百药，每帖药都加一两钱进去，并正式把"干草"命名为"甘草"。从此，甘草一直沿用下来。

草的大千世界

下

宋圣天 ◎ 编著

中国出版集团
现代出版社

图书在版编目(CIP)数据

草的大千世界(下)／宋圣天编著．—北京：现代出版社，2014.1

ISBN 978-7-5143-2173-9

Ⅰ．①草… Ⅱ．①宋… Ⅲ．①成功心理－青年读物②成功心理－少年读物 Ⅳ．①B848.4-49

中国版本图书馆 CIP 数据核字(2014)第 008623 号

作　　者	宋圣天
责任编辑	王敬一
出版发行	现代出版社
通讯地址	北京市安定门外安华里 504 号
邮政编码	100011
电　　话	010-64267325　64245264(传真)
网　　址	www.1980xd.com
电子邮箱	xiandai@cnpitc.com.cn
印　　刷	唐山富达印务有限公司
开　　本	710mm×1000mm　1/16
印　　张	16
版　　次	2014 年 1 月第 1 版　2023 年 5 月第 3 次印刷
书　　号	ISBN 978-7-5143-2173-9
定　　价	76.00 元(上下册)

版权所有，翻印必究；未经许可，不得转载

目 录

下篇 草的大千世界

26. 葛根 ······ 1
27. 葛藤 ······ 6
28. 含羞草 ······ 8
29. 红草 ······ 14
30. 黄精 ······ 19
31. 黄连 ······ 24
32. 鸡骨草 ······ 29
33. 鸡血藤 ······ 34
34. 吉祥草 ······ 39
35. 金钱草 ······ 44
36. 金樱子 ······ 49
37. 金鱼草 ······ 54
38. 桔梗 ······ 61
39. 苦苣 ······ 66
40. 凉粉草 ······ 71

41. 刘寄奴	76
42. 龙胆草	80
43. 芦苇	84
44. 鹿衔草	90
45. 麻黄	95
46. 芒草	99
47. 女贞子	103
48. 蒲公英	107
49. 七叶一枝花	112
50. 起舞草	116
51. 茜草	120

下 篇 草的大千世界

26. 葛根

一、简介

多年生藤本,长达 10 米,全株被黄褐色粗毛,块根肥厚。叶互生,具长柄。葛根 3 出复叶,顶端小叶的柄较长,叶片菱状圆形,有时有 3 波状浅裂,长 8～19 厘米,宽 6.5～18 厘米,先端急尖,基部圆形,两面均被白色伏生短柔毛,下面较密;侧生小叶较小,偏椭圆形或偏菱状椭圆形,有时有 2～3 波状浅裂。总状花序腋生,总花梗密被黄白色绒毛;花密生;苞片狭线形,早落,小苞片线状披针形;蝶形花蓝紫色或紫色,长15～19 厘米;花萼 5 齿裂,萼

齿披针形；旗瓣近圆形或卵圆形，先端微凹，基部有两短耳，翼瓣狭椭圆形，较旗瓣短，通常仅一边的基部有耳，龙骨瓣较翼瓣稍长；雄蕊10，两体；子房线形，花柱弯曲。荚果线形，扁平，长6～9厘米，宽7～10毫米，密被黄褐色的长硬毛。种子卵圆形而扁，赤褐色，有光泽。花期4～8月。果期8～10月。

二、葛根意蕴

顽强、严厉。

三、葛根箴言

虽然我们不愿意受伤，但谁能说伤痛不是我们成长不可分割的一部分？幼小的孩子要在一次次摔倒哭泣中学会走路，花草要经过暴风雨的洗礼才会更加蓬勃挺拔。有过坎坷磨砺，有过切肤之痛，我们的意志才会愈加顽强，我们的身心才会更加坚韧。努力一定会有收获，受伤也是一种成长。该伤心时就大哭一场，该伤身时就好好生一场病。我们的身体承受过更多的病菌，才能积蓄出更顽强的抵抗力；我们的心灵经历过刻骨铭心的伤痛，才能更加懂得珍重美好的情感。

四、生长环境

生于山坡草丛中或路旁及较阴湿的地方。

五、神奇药用

（一）功能主治

解表退热，生津，透疹，升阳止泻。用于外感发热头痛、高血压颈项强痛、口渴、消渴、麻疹不透、热痢、泄泻。

（二）相关文献

（1）《本草纲目》载：葛根，性凉、气平、味甘，具清热、降火、排毒诸功效。现代医学研究表明：葛根中的异黄酮类化合物葛根素对高血压、高血脂、高血糖和心脑血管疾病有一定疗效。

（2）《本经》："主消渴，身太热，呕吐，诸痹，起阴气，解诸毒。"

（3）《别录》："疗伤寒中风头痛，解肌，发表，出汗，开腠理。疗金疮，止痛，胁风痛。""生根汁，疗消渴，伤寒壮热。"

（三）实用妙方

（1）去除鸡肉中的土腥味：在炖鸡肉时，加入适量的葛根茎块，可去除土腥味使味道更为鲜美。

（2）治服药失度，心中苦烦：饮生葛根汁大良。无生者，干葛为末，水服五合，亦可煮服之（《补缺肘后方》）。

六、清新美味

（一）葛根薏苡仁粥

主料：葛根 120 克

辅料：薏米 30 克 粳米 30 克

调料：盐 1 克

做法：

（1）将葛根去皮，洗净，切片；

（2）生薏苡仁、粳米洗净；

（3）把全部用料一齐放入锅内，加清水适量，文火煮成稀粥，随量食用。

（二）葛根瘦肉汤

主料：猪肉（瘦）500 克、葛根 500 克

辅料：蜜枣 30 克

调料：姜 5 克 盐 5 克

做法：

（1）将葛根洗净，去皮，切块；

（2）蜜枣去核，略洗；

（3）猪瘦肉洗净，切块；

（4）把全部用料一齐放入锅内，武火煮沸后，文火煮 2 小时，调味即可，随量饮汤食肉。

七、美好传说

相传盛唐年间，某山脚下住着一对夫妻，男称付郎，女叫畲女，男读女耕，十年寒窗，付郎高中进士，本是喜从天降，付郎却烦恼满怀，只因长安城里富家女子个个艳若牡丹，丰盈美丽，想妻子长年劳作，瘦弱不堪，于是有心休掉畲女。他托乡人带信回家，畲女

打开只见两句诗:"缘似落花如流水,驿道春风是牡丹"。畲女明白付郎要将自己抛弃,终日茶饭不思,以泪洗面,更是容颜憔悴。山神得知后,怜爱善良苦命的畲女,梦中指引畲女每日到山上挖食葛根,不久,畲女竟脱胎换骨,变得丰盈美丽,光彩照人。付郎托走乡人后,思来想去:患难之妻,怎能抛弃!于是快马加鞭,赶回故里,发现妻子变得异常美丽,更加大喜过望,夫妻团圆,共享荣华。从此畲族女子便有了吃食葛根的习俗,而且个个胸臀丰满,体态苗条,肤色白皙。

另外,传说古时湘西某土司的女儿与一个汉族小伙子相爱。由于双方父母坚决反对,这对恋人相约遁入深山老林之中。入山不久,小伙子应身染重病,神志不清,面色赤红,疙瘩遍身。姑娘急得失声痛哭,哭声惊动了一个仙须鹤发的道士,马上给小伙子服用一种仙草根,旬余即愈。后来他们知道,这种仙草叫葛根。遂长期服食,两人都身轻体健、皮肤细腻、容颜不老,双双活过百岁,被人传为美谈。泰国美女的丰腴与婀娜多姿,是世界公认的。据说,泰国的山区部落自古以来,就把野葛根作为民间女性美容、保健的传统秘方食品。直到20世纪20年代,人们在修缮一座泰国缅北部的古老的寺庙时,才偶然发现,这里珍藏着野葛根美容养秘方的古文献。从此,食用野葛根的传统,在更多的泰国人中普遍流行起来。直到20世纪30年代,这些文献被译成英文流传到境外,才逐渐被世人所知。

27. 葛藤

一、简介

葛藤，蔷薇目、豆科、葛属的多年生草质藤本植物，又名野葛。葛藤是一种半木本的豆科藤蔓类植物，具有惊人的蔓延力和繁殖力，可以大面积地覆盖树木和地面。葛藤半木质的蔓藤可以长达10～30米，匍匐地面甚至可达百米。其根部重达数公斤并可深入地下1至5米深，它长有巨大的叶子和红紫色的花朵，长满硬毛的叶子为互生3片，长15～30厘米，荚果扁平，长5～10厘米，宽约1厘米，附着着金黄色的硬毛。种子扁卵圆形，红褐色。千粒重13～18克。葛花，并不是葛藤开的紫红色花，而是老葛藤临近根部开的乳白色干花，十分罕见，救命良药。

二、葛藤意蕴

安然、平静、放松。

三、葛藤箴言

真正的平静，不是避开车马喧嚣，而是在心中修篱种菊。尽管如流往事，每一天都涛声依旧，只要我们消除执念，便寂静安然。

四、生长环境

生于丘陵地区的坡地上或疏林中，分布海拔高度约 300～1500 米处。葛藤喜温暖湿润的气候，喜生于阳光充足的阳坡。常生长在草坡灌丛、疏林地及林缘等处，攀附于灌木或树上的生长最为茂盛。

五、神奇药用

具有解肌退热、生津、透疹、升阳止泻的功效；主治外感发热头痛、口渴、消渴、麻疹不透、热痢、泄泻；高血压颈项强痛等症。

六、清新美味

（一）桂花葛粉羹

材料：桂花糖 5 克，葛根 50 克。

做法：先用凉开水适量调葛粉，再用沸水冲化葛粉，使之成晶莹透明状，加入桂花糖调拌均匀即成。此羹甘甜润口，气味芬芳。此羹具有迟热生津，解肌发表的功效，适用于发热、口渴、心烦、口舌溃疡等病症。

（二）葛粉粟米粥

材料：葛粉 200 克，粟米 300 克。

做法：用清水浸粟米一晚，第二天捞出，与葛粉同拌均匀，按常法煮粥，粥成后酌加调味品。此粥软滑适口，清香沁脾，具有清心醒脾，促进智力的作用，具有营养机体，时举阳气的功效，适用于防治心脑血管病症。高血压，糖尿病，腹泻，痢疾患者宜常食之。

28. 含羞草

一、简介

含羞草为豆科多年生草本或亚灌木，由于叶子会对热和光产生反应，受到外力触碰会立即闭合，所以得名含羞草。原产于南美热带地区，喜温暖湿润，对土壤要求不严。花为粉红色，形状似绒球，讨喜可人。开花后结荚果，果实呈扁圆形。叶为羽毛状复叶互生，呈掌状排列。含羞草的花、叶和荚果均具有较好的观赏效果，且较易成活，适宜做阳台、室内的盆栽花卉，在庭院等处也能种植。含羞草与一般植物不同，它在受到外界触动时，叶柄下垂，小叶片合闭，此动作被人们理解为"害羞"，故称为含羞草、知羞草、怕丑草。

二、含羞草意蕴

易动的心、害羞、含蓄。

三、含羞草箴言

内心高贵的人一定会很有修养,有了成就而愈加清醒,遇到挫折而更思奋进。

《幽窗小记》中有这样一幅对联:宠辱不惊,看庭前花开花落;去留无意,望天空云卷云舒。得之不喜,失之不忧,不要过分在意得失,不要过分看重成败,只要自己在努力,只要自己在奋斗,做自己喜欢做的事,按自己的路去走,这就是一种很高的修养。像陶渊明那样"采菊东篱下,悠然见南山。"

四、生长环境

含羞草适应性强,喜温暖湿润,在湿润的肥沃土壤中生长良好,对土壤要求不严,不耐寒,喜光,但又能耐半阴,现多做家庭内观赏植物养植。一般生于山坡丛林中及路旁的潮湿地。

五、美好传说

含羞草是一种能预兆天气晴雨变化的奇妙植物。如果用手触摸一下,他的叶子很快闭合起来,而张开时很缓慢,这说明天气会转晴;如果触摸含羞草时,其叶子收缩得慢,下垂迟缓,甚至稍闭合又重新张开,这说明天气将由晴转阴或者快要下雨了。

在强烈地震发生的几小时前,对外界触觉敏感的含羞草叶会突然萎缩,然后枯萎。在地震多发的日本,科学家研究发现,在正常情况下，含羞草的叶子白天张开，夜晚合闭。如果含羞草叶片出现白天合闭，夜晚张开的反常现象，便是发生地震的先兆。

六、神奇药用

性味：甘，寒，有毒。功用主治：清热利尿，化痰止咳，安神止痛、解毒、散瘀、止血、收敛等功效。用于感冒，小儿高热，急性结膜炎、支气管炎、胃炎、肠炎、泌尿系结石、疟疾、神经衰弱；外用治跌打肿痛，疮疡肿毒、咯血、带状疱疹。注意：用药须医师指导。

文献记载：

(1)《生草药性备要》："止痛消肿。"

(2)《本草求原》："敷疮。"

(3)《岭南采药录》："治眼热作痛。"

七、古韵

含羞草

日日含羞夜更羞，只缘我坐你深眸。
桃腮笑靥皆含夏，杏脸低眉总带秋。
万缕深情如酒醉，千般妙韵似春柔。
家中养朵朱缨草，免得相思两地愁。

八、气质美文

（一）

未生温室之内，

不长花盆之中，
虽名声鹊起，
却遍布于南国山野之间。
令人肃然起敬，
微微触碰，
便紧紧收缩。
待平静之时，
方缓缓舒展，
故曰含羞草。
虽出身贫贱，
但以惊艳表情，
赢得阵阵喝彩。
却始终不骄不躁，
默默无闻，
小小一株含羞草，
让人浮想起翩翩，风中摇曳。
那时的我，
只知道有首歌叫含羞草。
知道含羞草，
它就是含羞的。
那绿叶，
就是惊不起触摸。
一天，
我看着后院墙边竟有一株含羞草。
让我眼前一亮，

那花儿浅浅的紫红色，小绒球。
就像一个跳跳球，刚劲有力。
她是一位美丽的舞女，
风中，她常扭动腰肢，
带来变化多端的舞姿。
羞草的生命力非常顽强。
一阵春雨过后，
含羞草打了个寒噤，
揉了揉迷蒙的眼睛，
纷纷从大地妈妈的怀抱中挣脱出来。
太阳公公把明媚的阳光
洒在含羞草的身上，
小露珠接二连三地，
跳到叶子上给她当饮料。
含羞草的叶子，
争先恐后地萌发出来。
瓣儿丝丝嵌着。
像要吐着喷发，挺着。
看着，看着，
轻轻地揉了一下绒球，晃悠着。
瞬间，
那周围的绿叶惊动了。
绿叶毛骨悚然了，
收起了边。
小绒球还在摇晃，

下篇
草的大千世界

自在悠闲。
就这样，
嬉戏了一番。
兴致，
真的是含羞草，美的舒展、收敛。
等着，等着，
过了好一会儿那叶又舒张了。
还是在风中，
自由，无惊扰。
说起那株含羞草，
还真的吸引了不少眼球。
每当有人路过，
我便告诉路人，那便是含羞草。
后来，
没人在意了它的去向。
可是，
我记住了那墙角边的含羞草。
记住了它，
我知道了它是风儿，鸟儿带来的。
它是个自由的生命，
那绽放的美丽总给人一种新奇的感觉。
就是那新奇，
留给我记忆。
想起它，
想起自己当初的眼睛和手。

装下的画面,

就是那个小绒球,万绿中的一点红。

是的,

不要万紫千红,要的就是那一点红。

小小一株含羞草,

它不会寂寞。

因为风儿知道,

那叶就像一根根脉搏,小绒球就像一颗跳动的心。

29. 红草

一、简介

红草,别名茏古、游龙、石龙、天蓼、大蓼。修剪后茎叶致密,色彩浑红、美观红龙草冬季开花,形似天然干燥花多年生草本,高15~20厘米,叶对生,叶色紫红至紫黑色,极为雅致。头状花序密聚成粉色小球,无花瓣。茎为假二歧分枝,中部具有髓,茎杆汁液为紫红色。

二、红草意蕴

分寸、积极。

三、红草箴言

我们每一个人的一生中都难免有缺憾和不如意,也许我们无力改变这个事实,而我们可以改变的是看待这些事情的态度。用平和的态度来对待生活中的缺憾和苦难。怀着乐观和积极的心态,把握好与人交往的分寸,让自己成为一个使他人快乐的人,让自己快乐的心成为阳光般的能源,去辐射他人,温暖他人,让家人朋友乃至于更广阔的社会,从自己身上获得一点欣慰的理由。——于丹

四、生长环境

可在花台、庭园丛植、列植也可种植在高楼大厦中庭美化环境,以强调色彩效果。圆叶洋苋尤适宜在高、冷地区栽植,其叶色艳红如火。校园内常用作花坛铺花。红草生性强健,耐寒也耐热、耐旱、耐瘠、耐剪。圆叶洋苋性喜温暖,耐湿、耐阴,平地夏季栽培宜遮荫。

五、神奇药用

性味:味咸,性微寒,无毒。

功效:果实有消渴,去热明目益气的功效;花有散血、消积、止痛的功效。

主治:肺热咳嗽;咽喉肿痛;口舌生疮;胃火牙痛;痈肿疮毒。

六、美好传说

山戎的北部有一种草，茎长一丈，叶如车轮，色似朝霞。齐桓公的时候，山戎献来这种草的种子，于是就种在庭院里，作为成就霸业者吉瑞的标志。

七、古韵

（一）无题

西风掠地降寒霜，花不衰红草不狂。
物到休眠方自减，人逢忧乐总相觞。
苍天何惧云无际，明月空怀夜未央。
谁在江干悲逝水，唏嘘道尽大归藏？

（二）红草颂

黄花扑地笑秋霜，己不轻身恁不狂。
物令风华偏倨傲，尔随孤落践离殇。
沉鱼落雁何妨碍，明月成诗夜未央。
待到明朝风再起，红颜又在叶间藏。

八、气质美文

红草湖畔

已快 20 年没踏进这里了，再一次来，恍如隔世。

冬日斜阳从松林间透过来，棕黑的松树一齐静穆着，淡淡的黄昏，薄薄的温暖，此景，印在心怀里，最是令人感动的美。褐色的叶子积了厚软一层，四周静寂，唯有脚步踩在落叶上的咯吱声，幽幽回荡在空旷的林间，仿佛隔了岁月遥遥传递过来。这里人迹罕至，只有我与琴漫步林间，可否忆起我们各自的青春？

翻过那道青草长堤，是我们念念不忘的红草湖。

已不能称之为湖了，寥落荒凉，只剩了绵延不多的狭长一片，夹杂在枯萎的野菊丛里，映了白塔河的水，在初冬的风里瑟瑟，细长的茎，淡红的杆，末端飘着丝丝穗絮，和芦苇一样，它是一种诗意的植物，最适宜秋冬赏看。

那时我正青春，常于冬日午后，捧了书本来这里，在红草丛内一坐就是半日。阳光照着慵懒的我，觉得光阴何其漫长，岁月何等悠远。青春花季带着些许的怅惘，读着书页间白纸黑字的句子，看看天空飘过的云朵，有点困乏，竟在搁浅的旧船上睡着了，书本滑落也不知，梦里梦外，都是风吹红草的连绵涛声。

也曾于微雨的星夜，与友在红草丛内奔跑，我们大声背一些诗句，高声地笑，惊得栖息的夜鸟也高飞起来。累了，坐在堤畔，静听白塔河水哗哗从身边流过，那些带着快乐和伤感的日子啊，回想起来，正是所谓的逝水流年吧。

那些迢遥的光阴，有满湖的红草点缀，谁也不曾轻易忘记。在我之先，南湖北湖的红草，苍苍茫茫，映着秋日的晴空，红草的絮花漫如飘雪，风过处，红草如海浪起伏，高阔辽远，并有成群野鸭掠过，壮观浪漫，犹如前人笔下的写景画卷。

小驴车从西门城外哒哒赶来，年轻媳妇穿着红碎花盘扣袄，抿了茉莉头油，乌黑的秀发梳成髻，斜插一支绒花，笑盈盈地与自家汉子去草湖里割红草。夕阳西下，车上堆着高高的草垛，夫妻俩笑脸上闪着汗珠，驴蹄声声往回赶。吃过晚饭，趁着月色打草帘，月上中天，满院溢着清水般的月光，他们坐在一片空明的银白里，唯有红草的清香，伴着织帘草的声音，还有他们的轻谈，在静夜里缓缓响起，一切仿佛定格了，永远不会老去。

这一幕，是我祖父母当年的情形，季季如此，年年依然，他们的足迹踏在红草飘飞的季节里，从壮年到暮年，直到与零落的红草一起归于泥土，生命的背景里有红草相伴，有着一丝平淡中的绚丽，成了永久凄美的回味。而今，南湖北湖的漫天红草呢，我那亲爱的祖父母呢？我曾经的韶华时光呢？

静立在荒草的湖畔，看仅剩不多的红草在暮色中摇曳，眼中有泪。远远地，琴握了几支芦苇跑过来，西沉的落日，在天空映了满天彩霞，远天的夕阳把她浅色的衫子，连同眼前的红草，都染了淡金色，是初冬诗意的美。

"在想什么呢？"她微笑着递过几支芦苇。"没有红草的红草湖，还有谁会伫立在秋风中，低低吟唱'蒹葭苍苍，白露为霜'，那位3000年的伊人已飘然远逝矣……"我伤感道。

两人一时无语，站在暮色渐浓的红草丛里，听风掠过耳畔的清音，心有戚戚。眼前的落日，红草，松林，芦苇，都会比我们永恒，红颜终成白发，而我们，终会如微尘，如白驹过隙，于渺渺光阴里，渐渐消融即逝……

有农人担着萝卜经过，哼着乡土歌谣，打断了周遭的岑寂，黑红的脸庞上荡漾着笑意与汗珠。是了，正是腌菜的季节，春种秋收的充实劳作，让他们透着收获的喜悦，人间烟火的清暖，让我们一齐醒过神来。

星子挂在林梢，冬月隐现，走在回去的小路上，我从没有过的释然。想起台湾张晓风说过:"树在,山在,大地在,岁月在,我在,你还要怎样更好的世界?"

是啊,树在,山在,大地在,岁月在,而且,还有不曾走远的红草湖在,我还要怎样更好的世界?

30. 黄精

一、简介

黄精,又名老虎姜、鸡头参。为百合科植物滇黄精、黄精或多花黄精的干燥根茎。根据原植物和药材性状的差异,黄精可分为姜形黄精、鸡头黄精和大黄精三种。姜形黄精的原植物多花黄精,鸡头黄精的原植物为黄精,而大黄精(又名碟形黄精)的原植物为滇黄精。三者中以姜形黄精质量最佳。

二、黄精意蕴

自我保护、苦难。

三、黄精箴言

人生苦难重重。这是个伟大的真理,是世界上最伟

大的真理之一。它的伟大,在于我们一旦想通了它,就能实现人生的超越。只要我们知道人生是艰难的——只要我们真正理解并接受这一点,那么我们就再也不会对人生苦难耿耿于怀了。——M·斯科特·派克

四、神奇药用

(一) 功效主治

补气养阴,健脾,润肺,益肾。阴虚劳嗽;肺燥咳嗽;脾虚乏力;食少口干;消渴;肾亏腰膝酸软;阳痿遗精;耳鸣目暗;须发早白;体虚赢瘦。

(二) 实用妙方

(1) 壮筋骨,益精髓,变白发:黄精、苍术各4斤,枸杞根、柏叶各5斤,天门冬3斤。煮汁1石,同曲10斤,糯米1石,如常酿酒饮(《纲目》)。

(2) 治眼,补肝气,明目:蔓菁子1斤(以水淘净),黄精2斤(和蔓菁子水蒸九次,曝干)。上药,捣细罗为散。每服,空心以粥饮调下2钱,日午晚食后,以温水再调服(《圣惠方》蔓菁子散)。

(3) 肺阴不足:黄精30克,冰糖50克。将黄精洗净,用冷水泡发3~4小时,放入锅内,再加冰糖、适量清水,用大火煮沸后,改用文火熬至黄精熟烂。每日2次,吃黄精喝汤。适宜用于肺阴不足所致的咳嗽痰少,干咳无痰,咳血等症。

五、清新美味

（一）黄精炖猪瘦肉

特点：

养脾阴，益心肺。适用于阴虚体质的平时调养以及心脾阴血不足所致的食少、失眠等症。

材料：

黄精 50 克、猪瘦肉 200 克、葱、姜、料酒、食盐、味精各适量。

做法：

（1）将黄精、猪瘦肉洗净，分别切成长 3.3 厘米、宽 1.6 厘米的小块。

（2）将黄精和猪瘦肉块放入瓦锅（砂锅）内，加水适量，放入葱、生姜、食盐、料酒，隔水炖熟。

用法：

食用时，加味精少许，吃肉喝汤。

（二）黄精蒸鸡

材料：

主料：母鸡 1000 克。

辅料：山药（干）30 克，黄精 30 克，党参 30 克。

调料：姜 10 克，辣椒（红，尖，干）2 克，盐 3 克，味精 2 克。

做法：

（1）将鸡宰杀，去毛及内脏，洗净，剁成1寸见方的块；

（2）鸡块放入沸水锅烫3分钟捞出，洗净血水沫；

（3）鸡块装入气锅内，加入葱（切段）、姜（切片）、食盐、川椒、味精、再加入黄精、党参、山药、盖好气锅盖，上笼蒸3小时即成。

提示：

效用：益气补虚。适宜于体倦无力、精神疲惫、体力及智力下降者服食。

宜忌：温热内盛者不宜食用；感冒时暂停食用。

六、美好传说

从前有个财主，家里有个丫环名叫黄精。黄精出身于一个贫苦的家庭，可天生丽质。财主色迷心窍，一心想要黄精做小老婆。财主捎信给黄精的父亲说，你家祖祖辈辈种我的田，吃我的粮，而今我要黄精做小老婆，你要是不愿意，就马上还我的债，滚出我的家门。

黄精一家人急得没办法，只好让黄精赶快出门去。漆黑的三更夜，黄精逃出了财主的庄园。可是她刚刚逃出虎口，就被狗腿子发觉了。于是，财主马上派黄精家丁打着灯笼火把去追赶黄精姑娘。黑灯瞎火的黄精深一脚浅一脚的跑啊跑，鬼晓得怎么跑到了一座悬崖边，这时身后灯笼火把愈来愈近了，姑娘一狠心跳下了悬崖。黄精跳崖后心想这一下必死无疑，可没想落到半山腰却被一棵小树挂住了，最后摔到了树边的斜坡上。她只觉得浑身一阵阵火辣辣疼，随即昏了过去。不知过了多久，她睁眼一看，吓了一大跳，只见身下是万丈深渊。几天来她没喝过一口水，没吃过一粒米，身子非常虚弱。她见身边长着密密麻麻的野草，黄梗细叶，叶子狭长，开着些白花，便顺手揪下一把草叶，放在嘴里暂且充饥。

一次，她拔下一棵有手指粗的草根，放在嘴里一嚼，觉得又香又甜，比那些草梗草叶好吃得多。打这以后，黄精姑娘便每天一边挖草根充饥，一边寻找上山的路。太阳升起又落，月亮落了又升，转眼过了半年。一天姑娘爬上了一块大岩石后面，只见一棵酒杯粗的黄藤从崖顶上垂了下来，她抓住藤萝向上爬，这时才发现自己的身子变得非常轻，轻得像燕子一样，非常轻松地爬上了山顶，连气都没有喘。上了山顶，她径直朝西走去。走着走着，看见前面不远处有一个村落，她走到一家门前："主人家，请给碗饭吃吧。"只见里边走出来一位六七十岁的老婆婆，看了姑娘一眼说："讨饭也不看看时间，人家大清早还没有生火呢，哪来的饭吃呀。"说完又回屋去了。"老妈妈请行行好，我好个月天没吃东西了，有碗剩饭也行。"黄精说道。老婆婆见她说得怪可怜的，就开门让黄精进了屋，又去热了碗剩饭，烧了碗热汤。过了一会儿，只见一个背柴禾的老头进了门。老婆婆指着黄精对老头说："这是个苦命的讨饭姑娘，讨饭到这里，咱们就收下她做闺女吧！"老头看着姑娘，点了点头。

从此，黄精姑娘在老婆婆家住下。日子一长，姑娘便把身世告诉了大妈、大伯。黄精遭难跳崖没死，全靠吃草叶、草根活了半年多，这下可叫大妈、大伯吃了一惊，都说姑娘命大、造化大。姑娘的遭遇渐渐地传遍了全村。村里有个采药老人，他听到姑娘吃草根能活这么长的时间，又见黄精姑娘那么水灵灵的，就问姑娘吃的是什么样的草根。姑娘带着老人在山上找到了那种草根。采药老人挖起放在嘴里细细地品尝,觉得味道清香甘甜,吃后身子又暖和、又舒服,精力旺盛。后来他把这种草根给病人吃,病人吃后很快就恢复健康了,给老年人服用,老人身子骨渐渐变得越来越硬朗了。因是黄精姑娘发现的这种草,所以大家就给它起名叫"黄精"。

31. 黄连

一、简介

黄连,多年生草本植物,属毛茛科黄连属。叶基徨,坚纸质,卵状三角形,三全裂,中央裂片卵状菱形,羽状深裂,边缘有锐锯齿,侧生裂片不等2深裂;叶柄长5厘米~12厘米。野生或栽培于海拔1000米~1900米的山谷凉湿荫蔽密林中。黄连也是一种常用中药,最早在《神农本草经》中便有记载,因其根茎呈连珠状而色黄,所以称之为"黄连"。为毛茛科植物黄连、三角叶黄连和云连的干燥根茎,分别习称"味连"、"雅连"、"云连"。有清热燥湿,泻火解毒之功效。其味入口极苦。

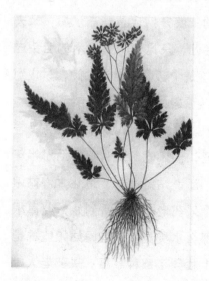

二、黄连意蕴

好心态、苦尽甘来。

三、黄连箴言

生活大部分时候都是一成不变的，既然外在的事物不好改变，那就改变一下自己的心态吧。换一个角度去看待生活里经常接触的事物，也许你就会发现许多曾经被自己遗漏掉的舒心场景。当能用坦然的心态去面对生命中每一个喜怒哀乐的日子，人在路上走，沿途中总会有风雨不定时来袭击，不可能因为有风雨而止步或退缩。迎上风雨，勇敢面对，相信走过风雨后，彩虹的美丽就在前方的风景处等你。

四、生长环境

一般分布在1200米~1800米的高山区，需要温度低、空气湿度大的自然环境。怕高温和干旱。不能经受强烈的阳光，喜弱光，因此需要遮荫。

五、神奇药用

（一）功能主治

清热燥湿，泻火解毒。用于湿热痞满，呕吐吞酸，泻痢，黄疸，高热神昏，心火亢盛，心烦不寐，血热，目赤，牙痛，消渴，痈肿疔疮；外治湿疹，湿疮，耳道流脓。酒黄连善清上焦火热。用于目赤，口疮。姜黄连清胃和胃止呕。用于寒热互结，湿热中阻，痞满呕吐。萸黄连舒肝和胃止呕。用于肝胃不和，呕吐吞酸。

（二）相关文献

（1）《日华子本草》：治五劳七伤，益气，止心腹痛、惊悸、烦躁、润心肺、长肉、止血、并疮疥，盗汗，天行热疾。

（2）《开宝本草》：味苦，微寒，无毒。五脏冷热，久下泄澼、脓血，止消渴，大惊，除水利骨，调胃，厚肠，益胆，疗口疮。

六、清新美味

（一）木香黄连炖大肠

材料：广木香10克，黄连6克，肥猪大肠500克，生姜6克，食盐、大蒜、花椒、葱段、味精各适量。

制作方法：

(1) 将猪大肠翻洗干净；

(2) 木香、黄连焙干研末，纳入猪大肠内；

(3) 两头扎紧，放入沙锅内；

(4) 加适量清水与生姜、食盐及调料等煨炖；

(5) 至熟烂后去药渣，切成段，饮汤食肠；

(6) 每日一剂，分三次食完，连续服食5~7日。

健康提示：

功效：清热利湿，行气止痛。本食疗主治巨结肠等疾病。

（二）麦参黄连蒸猪脾

主治时感瘟热疫病后气阴两亏、虚热内炽之脾脏肿大，按之质软，左季肋位有灼热隐痛感。

原料：鲜猪脾150克，麦冬、沙参、太子参、生石斛、生白术各15克，肥知母12克，黄连3克～6克，绿升麻6克，干荷叶9克，生枳壳4.5克，麦谷芽（各半）24克，生姜1片，红枣5枚，味精、酱油、食盐、芝麻油、枇杷蜂蜜各适量。

制法方法：

先将猪脾用净纱布擦净后，切成斜块待用。将各种药材装入净纱布药袋内，放陶瓷罐内，加猪脾、红枣、生姜及各种配料和适量清水，放进屉笼内用旺火蒸至2小时熟透，取出淋上芝麻油9毫升，蜂蜜15～30毫升即成供食。10剂为1个疗程，每日1剂，分3次徐徐饮之。

功效：益气养阴，清热化湿，升阳健脾，行气止痛，消食健运。

七、美好传说

相传，很久以前，石柱县黄水坝老山上的一个村子里，住着一个姓陶的医生。妻子生下二男二女。有一年遇天灾，妻子和两个儿子相继病死，因家境贫寒，无力抚养，三女儿也送给了别人家，只留下小女儿，父女相依为命。陶医生雇请了一名叫黄连的帮工，替他栽花种草药。黄连心地善良，勤劳憨厚。

没过多久，黄水坝一带的老山上不少人都得了一种相似的疾病，患者多属高热烦燥、胸闷呕吐、泄泻痢疾、肿痛，渐渐地一个个身强力壮的人都失去了劳动能力。懂事的陶家幺女，算是个幸运儿，她没染上这种怪病，还力所能及地做一些家务。

有一年春天，陶幺女踏青外出，在山坡上，她忽然发现一种野草的叶边沿具有针刺状锯齿，长有很多聚伞花序，有黄色的、绿色的，也有黄绿色的，好看极了，顺手拔起这些野草，乍看草根节形似莲珠，或似鸡爪，或似弯曲的过桥杆，她兴奋地带回家种在园子里。

黄连每次给花草上肥浇水，也没忘记给那野草一份。天长日久，野草越发长得茂盛，葱绿滴翠。

次年夏天，陶医生外出治病，10多天没回家，其间，陶幺女也卧病在床，厌食不饮，一天天瘦下去，只剩得皮包骨头了。陶医生的几位同乡好友煞费苦心想尽办法，也没治好陶幺女的病。

黄连心想，陶姑娘在园子里种下开黄绿色小花的野草，怎么不可以用来试一试？于是他就将那野草连根拔起，洗干净，连根须叶一起下锅，煮了一会儿功夫，他揭开锅盖一看，锅中的野草和汤全都煮成黄色的了。

这时黄连拿起汤勺舀了一碗，正想给幺女送去，突然想到，万一有毒，岂不是害了陶姑娘？不如自己先尝一下，只要自己没被毒死，就让陶姑娘喝这汤。他随即一饮而尽，只是觉得味道好苦。

隔了两个时辰，黄连见自己还活着，手脚都动得，话说得，耳听得，眼见得，方信这野草无毒，这才端一碗让陶幺女服下，说来也怪，陶幺女喝下这野草汤，病竟然就好了，她对黄连说："这是一味好药，就是太苦了。"此时，已暗恋陶幺女许久的黄连听后黯然神伤地说："我苦等一个人儿，却没等到，也许和我的命一样苦吧！"

老山上的乡亲们得知陶幺女喝了用野草熬的汤痊愈的消息后，

都去采挖这种野草来熬汤服用，结果他们的病都痊愈了。但不久，黄连在一次采药中不慎摔成重伤，他带着苦恋去世了，临死前他对陶幺女说："陶姑娘，我爱你，可我等不到了……"陶幺女为了纪念黄连，表达对他的爱慕之情，便把这种清热解毒，味苦的草药称为"黄连"。

32. 鸡骨草

一、简介

鸡骨草又称广东相思子、红母鸡草、石门坎、黄食草、细叶龙鳞草、大黄草，是豆科相思子属的一种植物，木质藤本，长达1米，常披散地上或缠绕其他植物上。主根粗壮，长达60厘米。茎细，深红紫色，幼嫩部分密被黄褐色毛。双数羽状复叶。常见于中国华南地区，具清热利湿、益胃健脾的功能。鸡骨草可以在春夏潮湿季节用鸡骨草煲汤作食疗。

二、鸡骨草意蕴

熟悉、领悟。

三、鸡骨草箴言

熟悉也有毛病，容易失落初见时惊艳的

兴奋，忘却粗线条的整体魅力，目光有仰视变为平视，很难说是把握得更牢了，还是松弛了把握。这就像我们交朋友，过于熟悉就变成寻常沟通，有时突然见到他翩然登台或宏著面世，才觉得要刮目相看。——余秋雨

四、神奇药用

（一）功能主治

清热利湿，散瘀止痛。主黄疸型肝炎，胃痛，风湿骨痛，跌打瘀痛。

（二）相关文献

（1）《中国药植图鉴》：治风湿骨痛，跌打瘀血内伤；并作清凉解热药。

（2）《岭南草药志》：清郁热，舒肝，和脾，续折伤。

（3）《常用中草药手册》：清热利湿，舒肝止痛。治急慢性肝炎，肝硬化腹水，胃痛，小便刺痛，蛇咬伤。

五、清新美味

（一）鸡骨草饮

配方：鸡青草20克，白糖10克

制作：

（1）把鸡骨草豆荚全部摘除（本品种子有大毒，切忌服用，用

时必须把豆荚除去），洗净，切 5 厘米长的段。

（2）把鸡骨草放入炖杯内，加入水 200 毫升，用武火烧沸，再用文火煎煮 25 分钟，除去药渣，加入白糖拌匀即成。

食法：每日 2 次，每次 100 毫升。

功效：清肝利胆，舒筋止痛，化积利水。

（二）猪横利鸡骨草汤

鸡骨草：其自然生长于深山隐谷处，气味辛甘，性质温和，香气四溢，本品具有滋阴降火，健脾开胃，溢气生津，祛湿化滞，清肝润肺、治肝炎等作用。

材料：猪横利，鸡骨草，姜片，蜜枣

做法：这款汤具有健脾胃、助消化和滋润肺热的功效，做法也很简单，材料有鸡骨草、猪横脷、姜。先把鸡骨草洗干净，然后猪横脷要用开水来冒一冒的，之后就把猪横利切成一片一片的，姜也要放多些，因为可以去除猪横利的腥味，切成姜片即可，然后把这些东西都一起放进锅里去煲，大约煲够 1 个小时即可了，最后才放盐做调味料，要注意不要放太多的盐。

注意：该品，种子有毒，用时须摘除豆荚，以免中毒。

（三）鸡骨草煲排骨

主料：排骨 1 斤，鸡骨草 60 克。

辅料：盐适量姜 1 片土豆炖骨头。

做法：

（1）排骨斩件洗净后焯水。

（2）鸡骨草洗净。

（3）将排骨、鸡骨草、姜片放入电砂煲中，加入1升清水，煲2小时。

（4）加入适量盐调味即可。

（四）鸡骨草田螺粥

材料：

田螺 250 克、鸡骨草 30 克、粳米 60 克。

调料：姜 5 克、盐 4 克。

做法：

（1）将田螺用清水养 1~2 天，勤换水，去除污泥，略煮，挑肉去壳，用姜丝炒香。

（2）鸡骨草洗净，用水煎煮，去渣取药汁。

（3）把粳米洗净，放入鸡骨草药汁中，文火煮成稀粥，加入田螺肉略煮，放盐调味即可。

美食特色：清热利湿，舒肝退黄；急性黄疸型肝炎，慢性肝炎属湿热者，症见胁肋疼痛，面目黄疸，食欲不振，小便短少。

六、气质美文

良草

草，是全部草本植物的统称。因为农民的庄稼里经常长出杂草，所以人都很讨厌它。但我却不这样认为，相反还有几分喜欢它。

草，可以保持土壤、水分，进行光合作用，净化空气，把二氧化碳吸收，再源源不断的为人类和生物提供氧气；草，还可以绿化环境，美化家园。有的草甚至还可以治病。

当春天来临的时候，小草们第一个复苏，从湿润的土壤里冒出一个个绿色的小芽儿，为我们报告春天已经来临的喜讯。我喜欢小草，但我更喜欢乡间小路，旷野山坡，河流小溪的小草。走在乡间的小路旷野，河流溪边，看着绿草茵茵，闻着清新芳草气息，好不心旷神怡。等到雨过天晴，你看那山更美，草更绿。

花园里的花草就没有这样的大手笔，不用半点人工，却把整个大自然装点得那样自然，美丽。不同季节，向人们传递不同讯息，装点不同景色。农民伯伯不喜欢草，是它长在不该长的庄稼地里。可是，农民伯伯又要用它养活牛、羊、鸡、鸭等。还可以堆积起来，为人们提供优质有机肥。人们瞧不起小草，就因为它的小，它的普通，因为小草太容易见到了，太平凡了，太普通了。正是它的普通，才没有引起人们的重视。

所以我要说我们人类更喜欢那些默默无闻的小草。其实小草的作用和好处比那些养在华圃的奇花异草的优点可贵多了。人们见惯了，没有留神在意，草的内涵。

作为一个卑微渺小的人类个体，尽管人生短暂，却会遇到多次的机遇和挑战，更要经历太多的沧桑和颠沛流离，在大是大非面前，应保持清醒的头脑，充分认识自我，辨析是是非非，真真假假，要有明确的态度和果断的判断力，如果过于矜持，过于软弱，往往在不知不觉中充当了东郭先生的角色，如果那样，只能埋怨自己愚蠢，只能自己蹲在角落里懊恼和饮泣，这种本可以避免的悲伤，也只能由自己来买单。

形如小草的人，却要承受意想不到的众多的烦恼和悲伤，想要成为开心的小草谈何容易,不过,可以学习它,尽管渺小,却有一颗坦荡的胸怀,淡定从容,乐观向上。小草,时刻以无忧无虑的姿态提示着人们,莫要大喜大悲,何不悠然自得,快乐一生。

想想漫山遍野的小草,不选环境不折气候,阳光温暖时,微微一笑,清风抚慰时,随风飘摇,电闪雷鸣时,昂首挺胸,雨水滋润时,张开怀抱。小草总是那样自强不息,开心快活,它像是读懂了生命的意义,明白了一旦春去秋来,生命将息的含义,所以,在有限的时光里,尽力舒展,尽情高歌。

是呀,人的一生,不也是像一岁一枯荣的小草吗?何不保持一个良好的心态,面对生命中不曾预料的变故呢?兵来将挡水来土掩,把自己的姿态放低,低到尘埃中,这样,心态平稳了,人的生命就会像小草一样开心绽放。

33. 鸡血藤

一、简介

攀援灌木。茎无毛。小叶3,阔椭圆形,长12～20厘米,宽7～15厘米,先端锐尖,基部圆形或近心形,上面疏被短硬毛,下面沿脉疏被短硬毛,脉腋间有髯毛。花多数,排列成大型圆锥花序;花长约10毫米;萼筒状,两面被白色短硬毛,萼齿5,三角形,上面2齿近合生;花冠蝶形,白色;花药2型,5个大,5个稍小;子房密被白色短硬毛。荚果刀状,长8～10.5厘米,宽2.5～3厘米,被绒毛，有网脉，沿腹缝线增厚，仅顶部有一个种子。

二、鸡血藤意蕴

经历、疼痛。

三、鸡血藤箴言

不管全世界所有人怎么说，我都认为自己的感受才是正确的。无论别人怎么看，我绝不打乱自己的节奏。喜欢的事自然可以坚持，不喜欢怎么也长久不了。——村上春树

四、生长环境

枝叶青翠茂盛，紫红或玫红色的圆锥花序成串下垂，色彩艳美，生于山谷林间、溪边及灌丛中。适用于花廊、花架、建筑物墙面等的垂直绿化，也可配置于亭榭、山石旁。本种生性强健，亦可作地被覆盖荒坡、河堤岸及疏林下的裸地等，还可作盆景材料。

五、神奇药用

（一）功能主治

风湿痹痛、手足麻木、肢体瘫痪、月经不调、经行不畅、痛经、经闭、白细胞减少症。

鸡血藤味苦微甘、性温，归肝、心、肾经；色赤入血，质润行散；具有活血舒筋，养血调经的功效。

（二）实用妙方

（1）可治疗风湿所致的腰膝关节疼痛、风湿痹痛、肢体麻木，常与红花桃仁、赤芍、地龙、黄芪、当归、丹参等配伍。

（2）可用于月经不调、经闭、痛经，常与香附、益母草同用。

（3）颈椎病：鸡血藤60克，炙黄芪30克，当归、干地龙各20克、蜂蜜30克。将前4味药用水浸泡30分钟，入沙锅，加水浓煎20分钟，去渣取汁，趁热加入蜂蜜，调匀即成。敷在患处，每日两次。

（4）手足麻木：鸡血藤30克，木瓜20克，骨碎补、白芍各15克、伸筋草10克、当归、羌活、桂枝各12克。将上药研末混匀，水泛为丸，每服6克，每日两次，黄酒送服。

（三）鸡血藤药酒

鸡血藤酒的制作材料：

主料：鸡血藤250克

辅料：白酒1000克

鸡血藤酒的做法：

（1）将鸡血藤胶置于干净的瓶中；

（2）加入白酒密封浸泡7天后，过滤去渣即成。

健康提示：

本品具有活血通络之功效，适于负寒湿痹、筋骨疼痛不舒、腰膝冷痛、转筋虚损、手足麻木及跌打损伤以及妇女月经不调等症的患者饮用。

六、清新美味

（一）乌鸡鸡血藤汤

用料：乌骨鸡半只，玫瑰花 10 朵，鸡血藤 10 克，老姜 1 小块。

做法：

（1）乌骨鸡洗净后剁成小块，老姜切片。

（2）玫瑰花用清水冲洗干净。

（3）鸡血藤用清水冲洗干净。

（4）锅中放入足量清水，烧开后放入乌骨鸡汆烫 1 分钟后捞出。

（5）将乌骨鸡、玫瑰花、鸡血藤和姜片放入砂煲中，加入足量的清水，盖上锅盖，大火烧开后转小火慢炖 1 个半小时，最后加盐调味。

（二）鸡血藤炖猪蹄

材料：鸡血藤 30 克，猪蹄 1 只，生姜、葱、胡椒、绍酒、盐、白糖、味精适量。

做法：

（1）将猪蹄上的毛刮洗干净、先将猪蹄放在沸水锅内焯去血污和腥膻味，再放入炖猪蹄砂锅内。姜拍松，葱切段。

（2）将鸡血藤切段装入纱布袋内，扎紧袋口，用清水浸漂过，放入砂锅内。加入姜、葱、绍酒、胡椒、盐、白糖，清水适量（漫过猪蹄）。先用武火煮沸，撇去浮沫，转用文火 2~3 小时，至炖烂、捞出猪蹄，切成块，再放入汤内煮沸，捞出纱布药袋不用，放味精调好口味即成。饮汤食肉。

此菜具有补血活血、强筋骨作用。可防治腰膝酸痛、麻木瘫痪、月经不调、乳汁不通、贫血等症。

七、美好传说

会流血的植物——鸡血藤

在云南西双版纳热带雨林中，长着一种会流血的植物——鸡血藤。这你也许很少听说过。在植物界中，正是这些姿态万千、稀奇古怪充满神奇色彩的植物深深地吸引着人们，使人类不断去探索植物界奥秘。鸡血藤属蝶形花科，鸡血藤属植物，集观赏及药用为一身。云南产24种，占中国鸡血藤植物总数的一半以上。滇南、滇西南及滇西北热带、亚热带地区资源最为丰富。

鸡血藤为攀援状乔木、灌木或为高大木质藤本。花两性，且两侧对称，位于近轴上方形似蝶首的两片花瓣为旗瓣，两侧平行与蝴蝶翅膀极为相似的两枚花瓣为翼瓣，位于最下方形状有点像盟友蝶尾巴边缘合生的两片花瓣为龙骨瓣。鸡血藤花由紫色、玫瑰红色或白色花冠组成腋生或顶生的总状或圆锥状花序，串串悬挂在空中，恰似小蝴蝶，散发出浓郁的蝶恋花香，在空中争奇斗艳，随风飘荡。

鸡血藤的特别之处在于它的茎里面含有一种别的豆科植物所没有的物质。当它的茎被切断以后，其木质部就立即出现淡红棕色，不久慢慢变成鲜红色汁液流出来，很像鸡血，因此，人们称它为鸡血藤。

鸡血藤植物用途甚广，在庭园中供棚架庇荫，与紫藤有同样效果，但其花色更为艳丽，晚夏开花，冬季半常绿，更受欢迎。除供观赏外，藤和根供药用，有散气、活血、舒筋、活络等功效。

平凡的草布满地球的每一个角落，有的小草在岩石缝隙里，有的在蒙古的大草原里，有的在高山的山顶上，纵观大地，那里没有它的身影呢？大概正因为它随处可见和来之太容易的缘由吧，常遭人的踩踏，被人鄙视，可又有谁知道，野火烧不尽，春风吹又生呐。

34. 吉祥草

一、简介

吉祥草又名观音草，是百合科吉祥草属多年生长绿草本植物。音译作矩尸、俱舒、姑奢。意译作上茅、香茅、吉祥茅、茆草、牺牲草。略称祥草。此草生于湿地，或培养于水田中，其状类茅，约长60余公分。夏秋相交期间，花茎自叶束中抽出，短于叶丛，顶生疏散的穗状花序。瓣被6裂，花紫红色，散发芳香。花后结红紫色的浆果，成熟后可播种，要隔2~3年才能长大成丛。

二、吉祥草意蕴

吉祥、幸福、自省。

三、吉祥草箴言

尔弗雷德·苏泽说过"一直以来,我感觉的是真正的生活就要来了。但是在前面总有些东西拦在那里,一些问题必须先被搞定后才能进行下一项,比如未完成的工作,(做事时)等着轮到自己的那段时间、等待着交钱的帐单。当这些事解决后你才能开始自己的一天。后来我才觉悟到解决这些生活琐事的时候就是我的人生。"幸福是没有方式去追求寻找的,因为寻找幸福的过程本身就是幸福,所以珍惜你所拥有的点点滴滴。

四、生长环境

生于阴湿山坡、山谷或密林下或栽培。原产中国长江流域以南各省及西南地区。日本也有分布,喜温暖、湿润、半阴的环境,对土壤要求不严格,以排水良好肥沃壤土为宜。

五、神奇药用

(一)功能主治

润肺止咳,祛风,接骨。用于肺结核,咳嗽咯血,慢性支气管炎,哮喘,风湿性关节炎;外用治跌打损伤,骨折。

（二）相关文献

（1）《生草药性备要》：叶止热咳，治咳血，理伤症，大肠结热，泻血，小儿脱肛下血，俱煲肉食。

（2）《纲目拾遗》：理血，清肺，解火毒，为咽喉症要药。

六、美好传说

在印度，举维达（圣典）仪式时，吉祥草是作为圣草铺在会场里。据说释尊在菩提树下开悟时，也铺吉祥草为座。

在印度吉祥草自古被看成是神圣的草，是宗教仪式中不可缺少之物，每逢举行各种仪式，就编成草席，上面放置种种供物。而行者在空闲寂静处和清净房中，也经常以吉祥草为坐卧之具。据说为在旅途中死亡的人或为失踪的人举行葬礼，就用吉祥草做成人形，当做尸体火葬。关于吉祥草之利益，据大日经疏卷十九载，因此草为释尊成道时所坐，故修行者若敷草为坐时，则障碍不生、毒虫不至，且性甚香洁；然此草利如刀刃，极易割伤身体，修行者若放逸自纵，则为其所伤，故藉此激励自己，去除浮躁之心。

吉祥草名称的由来，有的说是释尊在菩提树下成道时，敷此草而坐；或说此草乃是吉祥童子为释尊所铺之座；也有说是有一位名为吉祥者的人，献上这种草给世尊。

七、气质美文

纤纤吉祥草

　　吉祥草已长出六七条毛茸茸的枝，并且以每天近两厘米的速度快速生长。长出细细的茎、长出嫩嫩的叶、长出软软的倒刺，当这些倒刺逐渐变硬，叶已长成一簇簇的针状，而枝条已近一米长，已然一副少女的神态了。从吉祥草搬进我家至今亦不过两月的光景，让我不能不感叹自然的力量、不能不感叹生命的神奇。就那样乱蓬蓬的一丛，不知大自然是怎样以它的智慧为每一类物种编写了它们各自所特有的程序，变化仿佛只是眨眼之间。仔细看来，生命又是如此精致，如这吉祥草，别看它的叶片细小，却玲珑有致，虽乍看是一簇，其实它们的一簇叶片各自张开，摆出花瓣的形状，而叶的颜色由嫩绿渐渐变为深绿、墨绿，更好似一个人由少年的活泼到中年的沉稳，再到老年的练达。

　　春末夏初的一个早晨，才刚起床走进客厅，便闻到一丝甜甜的奶香。我和女儿开始以为有牛奶溢出，在厨房找寻了好久，女儿眼尖，指着吉祥草说："是它开花了！"我连忙来到花架前，吉祥草的枝叶依然是那种朦朦胧胧的绿，所不同的是在那胜似娇羞的朦胧中绽开了三朵洁白的小花，花儿只有豆粒般大小，洁白的花瓣有梨花瓣的晶莹又有玉兰花瓣的厚重。而它的娇小更是惹人心疼，最可爱是它小巧的花心中长满一圈橘黄色的蕊，蕊丝的纤细几乎使肉眼分辨不出，只像一圈橘黄色的光环，静静的萦绕在它的头顶。我凑近它的身旁，那甜甜的香气如害羞样的反而淡了许多，这才发现枝条

下 篇
草的大千世界

上的花苞已数不胜数。难怪我天天看却没有看到，一是根本不知吉祥草也会开花，再就是它实在太小太小，小的如针尖、如沙砾、如小米粒一般大小时已经是含苞待放了。

曾经在鲁迅的《秋夜》中看到："那细小的粉红花，只是现在开的极细小了，在秋日的冷风中，瑟缩的做着梦，梦见春的到来，梦见秋的到来，梦见瘦的诗人将眼泪洒在它最末的花瓣上。"当时令我感动了好久，感动于作者纤细的情感、感动于作者敏捷的才思，而现在，当我看到吉祥草柔弱的花瓣与稚嫩的花苞，我明白了无论是瘦的诗人还是鲁迅，他们灵感的源泉，正是出于对生命的热爱，哪怕这生命只有朝夕。

吉祥草开花了，渐渐的已经不能用"朵"来计算，而是在朦胧的浓绿浅绿中漾起了一层白雾，如同清晨竹林中升腾起的雾并且这奶香在我房间中一直弥漫到深秋。

花谢后新的枝条仍不停的生成，原来的花盆已然太小。我买来一个大大的瓷盆准备换上，当我敲开原有的花盆，我不能不再一次感叹生命的神奇。吉祥草的根与它的花和枝条比起来，简直可以说是硕大，并且像将近成熟的葡萄般一颗颗隆起，密密匝匝挤的没有缝隙，甚至看不到原有的土壤。吉祥草之所以有如此旺盛的生命力、之所以以它纤细的腰肢孕育了成百上千朵花蕾，原来是因为它有如此庞大的根系。它就如那些准妈妈们，无论她们从前多么婀娜，一旦有了自己的宝宝，她们便会抚摸着自己高高隆起的腹部，一任体态愈发臃肿下去、一任脚步逐渐笨拙下去，可是她们脸上却写满幸福与骄傲，因为她们知道，自己便是这吉祥草的根，她将会看到那毛茸茸的枝条，长出细细的茎、长出嫩嫩的叶、长出小小的花苞，如针尖、如沙砾。

35. 金钱草

一、简介

多年生蔓生草本。茎柔弱，平卧延伸，长20厘米~60厘米，表面灰绿色或带红紫色，全株无毛或被疏毛，幼嫩部分密被褐色无柄腺体，下部节间较短，常发出不定根，中部间长1.5厘米~5厘米(~10)厘米。叶对生；叶柄长1厘米~3厘米，无毛；叶片卵圆形、近圆形以至肾圆形，长1.5厘米~2厘米，宽1厘米~4厘米，先端锐尖或圆钝以至圆形，基部截形至浅心形，稍肉质，透光可见密布的透明腺条，干时腺条变黑色，两面无毛，有腺毛。花单生于叶腋；花梗长1厘米~5厘米，通常不超过叶长，花梗幼嫩时稍有毛，多少具褐色无柄腺体；花萼长4~5毫米，5深裂，分裂近达基部，裂片披针形，椭圆状披针形以至线形或上部稍扩大而近匙形，

先端锐尖或稍钝，无毛，被柔毛或仅边缘具缘毛。花冠黄色，辐状钟形，长7毫米~15毫米，5深裂，基部合生部分长2毫米~4毫米，裂片狭卵形以至近披针形，先端锐尖或钝，具黑色长腺条；雄蕊5，花

丝长6毫米~8毫米，下半部合生成筒，花药卵圆形，长1毫米~1.5毫米；子房卵球形，花柱长6毫米~8毫米。蒴果球形，直径3毫米~5毫米，无毛，有稀疏黑色腺条，瓣裂。花期5~7月，果期7~10月。

二、金钱草意蕴

单纯、纯净。

三、金钱草箴言

不张扬，不喧哗，不争夺，单纯地享受内心的纯净和清冽，有一种干净的美。心中是开阔的，坦荡的。淡然地，平静的去接受生活中的一切。做最单纯的人，走最幸福的路：我们时常会感觉到心累，只是自己想得太多。我们总说生活繁琐，其实是自己不懂得品味。我们时常业务繁忙，只是自己得不到满足。我们也总是争强好胜，其实是自己虚荣心太强。其实，人生就那么简单。

四、神奇药用

（一）功效主治

利水通淋；清热解毒；散瘀消肿。主治肝胆及泌尿系结石；热淋；肾炎水肿；湿热黄疸；疮毒痈肿；毒蛇咬伤；跌打损伤。

(二) 实用妙方

(1) 治伤风咳嗽：鲜连钱草 25～40 克（干的 15～25 克）（洗净），冰糖 25 克。酌加开水，炖一小时，日服二次。

(2) 治肾炎水肿：连钱草、扁蓄草各 50 克，荠菜花 25 克。煎服。

五、清新美味

(一) 金钱草鸡肫汤

制作方法：材料金钱草干品 50 克，鸡肫 2 只。

鸡肫性味甘、平，有消食积、化结石、通淋之功效。用小叶金钱草（金钱草有小叶、大叶之分），与连内皮鸡肫相配，攻中有补，攻补兼施，具有健胃消谷、化石磨石、清热利水等特佳功能，并能促进食欲。对胆囊结石、胆管结石、肾结石，以及尿道、筋肮结石等，均有良好的治疗效果。适合对像适于肝胆、泌尿系统结石术后患者食用。

做法：

(1) 金钱草用冷水浸泡 3 分钟，除去沉泥，洗净滤干，备用。

(2) 鸡肫剖开，除去食渣，留肫内皮。先用冷水冲洗干净，再用盐擦、醋洗，最后冷水洗净。烹调方法将金钱草和鸡肫一起放入小沙锅内，加冷水浸没。小火慢煨 1 小时，离火。食用方式每日 2 次，每次喝汤 1 小碗，吃鸡肫 1 只，鸡肫切片，蘸酱油佐膳食。半个月至 1 个月为 1 个疗程。如结石已化，并已排出，即可停食。注意事项如缺鸡肫,可用鸭肫或鹅肫,但必须连肫内皮一起制食。

(二) 金钱草砂仁鱼

材料:金钱草、车前草各60克,砂仁10克,鲤鱼1尾,盐、醋、味精、胡椒粉各适量。

做法:

(1) 先将鲤鱼洗净,除去鱼鳞、鳃及内脏。

(2) 把洗好的鲤鱼切片并同金钱草、砂仁和车前草共同放入锅内加适量水同煮。

(3) 先用武火煮沸,后用文火煎煮半小时左右,熬至鱼肉烂熟。

(4) 鱼熟后加适量盐、醋、味精、胡椒粉调味即可。

六、美好传说

从前,有一对年青夫妇,小俩口你恩我爱,日子过得挺美满。谁知好景不长,一天,丈夫突然肋下疼痛,好像刀绞针刺一般,没过几天,竟然活生生地疼死了。妻子哭得死去活来,请医生查明丈夫是什么病。医生根据死者发病的部位,剖腹一查,发现胆里有一块小石头。妻子拿着这块石头,伤心地说:"就这么一块石头,生生地拆散了我们恩爱夫妻,真是害得人好苦啊!"她用红绿丝线织成一个小网兜,把石头放在里面,挂在脖子下边,不管白天干活,还是晚上睡觉,都不拿下来。就这样,一直挂了好多年。

有一年秋天,她上山砍草,砍完一大捆,抱着下山。等她回到家里时,忽然发现挂在胸前的那块石头已经化去了一半。她十分奇怪,逢人便讲。后来,这事被一位医生听见,就找上门来对她说:

"你那天砍的草里，准有一种能化石头的药草。你带我上山找找那种草吧。"

第2天，她带着医生来到砍草的山坡，但是，草都被砍光了。医生就把这片地周围插上树枝，当记号，打算来年再说。到了第2年秋天，医生再次跟妇女上山，把那片山坡的草砍下来，让妇女抱回家。不过，这一回石头一点儿没有化，还跟从前一样硬。医生并没有泄气。第3年，他和那位妇女又一次上山，把那片山坡上草砍下来，先按种类分开，然后，再把那块石头先后放到每一种草上试验。结果，终于找到了一种能化石头的草。医生高兴地说："这可好了，胆石病有救啦"。从此，医生就上山采集这种药草，专门治疗胆石病，效果很好。因为这种草的叶子是圆形的，很像钱币，而且它能化开胆里的石头，都说它比金钱还贵重，所以，医生就叫它"金钱草"。

七、气质美文

向阳的金钱草

家里养了金钱草，很偶然的发现，它的向阳特性很明显，哪边向着阳光，它便哪边望。怎么调转它的方向，还是很倔强的地向阳而长。有时我对它说：你还真是倔强。它没发出任何的话语，用它的行动来表明它的态度。每天都很较真地跟它斗着，自言自语罢，"看你厉害，还是我厉害。"它还是不语，把它的盆转了转，我笑了，我居然欺负着一盆草。但是这样的心情会让自己觉得世界很美好，虽然它追随太阳的方向从未被我的破坏改变过。

曾经由于缺水，而上面的叶子完全干枯了，摸上那些枯黄，刷刷的脆响，死亡依旧是站立的姿势。恍惚间自己闪过那么一股心疼。更诧异的是，它枯黄中竟然绽放着小花。这样的惊喜，不亚于我在一丛草中发现了片五叶草。它居然会开花，居然会在如此恶劣的环境中努力的绽放。没有彩色，没有香味，平平淡淡地捍卫着一盆草的尊严。没被太阳折磨掉，追求执着，没被粗心的主人折磨掉，对生命的坚持，还是一如既往的生机盎然。

这么一盆绿，懂得舍弃，懂得酝酿，一如既往的向阳。也许心里住着阳光，再不堪的环境也变更不了对阳光的向往。

36. 金樱子

一、简介

常绿蔓性灌木，无毛；小枝除有钩状皮刺外，密生细刺。小叶3，少数5，椭圆状卵形或披针状卵形，长2厘米~7厘米，宽1.5厘米~4.5厘米，边缘有细锯齿，两面无毛，背面沿中脉有细刺；叶柄、叶轴有小皮刺或细刺；托叶线形，和叶柄分离，早落。花单生侧枝顶端，白色，直径5厘米~9厘米；花柄和萼筒外面密生

细刺。蔷薇果近球形或倒卵形,长 2 厘米～4 厘米,有细刺,顶端有长而外反的宿存萼片。花期 5 月,果期 9～10 月。

二、金樱子意蕴

爽朗、阳光、活泼。

三、金樱子箴言

换个心态去看那些注定的事实、不去想那些难过的记忆、其实每天的阳光都很灿烂、只是你敢不敢去仰望、好好的做自己、不再找理由颓废。改变你的心态也就改变了你看世界的角度,而当你改变看破问题的角度时,即使遇到世界上最倒霉、最不幸的事,也不会成为世界上最倒霉、最不幸的人。

四、生长环境

环境:生长在野生向阳山坡。

五、神奇药用

(一) 功能主治

根皮提制栲胶;金樱子果实具有补肾固精和止泻的功能,主治高血压、神经衰弱、久咳等症。金樱子叶能解毒消肿,外用能治瘀疖、烧烫伤、外伤出血等症。金樱子根具有活血散瘀、祛风除湿等功能。当前由于金樱子使用量大，野生资源衰竭。

（二）实用妙方

脾虚久泻：金樱子、党参、白术、茯苓、莲子各12克，水煎服，1日3次。

软组织损伤：金樱子30克、过江龙15克，水煎服，每日2次。

溃疡性结肠炎：金樱子30克、丹参30克、黄芩10克、黄连10克、白及15克、三七6克，加水300毫升，煎煮至200毫升时过滤，用煎液早晚2次灌肠。

六、清新美味

（一）金樱子酱鸡

材料：

净鸡1只，葱30克，姜15克，药包1个（内装金樱子25克，桂皮、八角各5克，花椒2克，丁香3克），料酒20克，精盐3克，味精2克，酱油15克，芝麻油10克，植物油1500克。

做法：

（1）葱叶15克切成花。余下的葱切成片。姜切成片。将鸡洗净。锅内放入清水1000克，下入葱片、姜片、药包烧开，煎煮30分钟左右。加入料酒、精盐。下入鸡酱至熟透捞出，沥去水。

（2）锅内放油烧至六成热，将鸡拓干水分，下入油中炸至呈枣红色，取出，沥去油。

(3) 将鸡斩成件，按鸡的原形码入盘内。将酱油、芝麻油、味精、葱花放入碗内，调匀，浇在盘内的鸡肉上即成。

特点：

色泽红润，鸡形完整，鸡肉酥烂，咸香鲜美。

功效：

鸡肉营养丰富，富含高质量蛋白质，脂肪含量少，且多为不饱和脂肪酸，还含有铁、磷、铜、钙、锌和维生素 B 族等。其味甘，性温，入脾、胃经，能温中补脾、益气养血、补肾益精。

（二）三味蜜汁子饭

材料：

金樱子、芡实、白果各 15 克，玉米糙 300 克，蜂蜜 30 克。

做法：

（1）玉米糙淘洗干净，用冷水泡透。沙锅内加入清水，下入金樱子烧开，煎煮 10 分钟左右。

（2）下入芡实烧开，煎煮 10 分钟左右。

（3）下入玉米糙搅匀、烧开，煮至微熟。下入白果搅匀，盖上锅盖焖至熟烂、汤干。离火焖 10 分钟左右，出锅盛入碗内，浇入蜂蜜即成。

特点：

色泽美观，米饭软烂，香甜适口，营养滋补。

（三）鲫鱼猪扒饭

主料：500 克、鲫鱼 200 克、猪扒肉 80 克、金樱子，配料适量、盐适量、红枣适量、油适量。

做法：

(1) 鲫鱼，猪扒肉，金樱子，红枣，先浸泡下。

(2) 鲫鱼先用厨房纸擦干水，油烧热放入鲫鱼小火煎一面。

(3) 一面煎好后翻另一面继续小火慢煎。

(4) 煎好的鲫鱼，多余的油倒出来，加开水，煮滚。

(5) 换成煲汤的汤锅，放入猪扒肉。

(6) 金樱子和红枣，飘去上面的油。

(7) 煲两个小时后，关火加盐调味。

提示：

煎鱼之前用生姜擦下锅底可以防止鱼沾锅。

金樱子浸泡下，有虫眼的可以不要，当心里面有虫。

七、美好传说

从前有户人家，弟兄三人皆娶妻成亲，但老大、老二膝下均无儿子，惟老三生有一子。这老三的儿子自然成了全家的掌上明珠。这个掌上明珠慢慢长大了，到了婚娶的年龄，兄弟仨都忙着给他张罗媳妇。可媒人请来了一个又一个，就是说不成亲事。原来，这小伙子样样称心，就是从小有个尿床的毛病，惹得家里整日晒被晾褥，村里也尽人皆知。全家人只好先给这个孩子治病。他们到处求医问药，但总也不见效，为此日日发愁。

有一天，村里来了位挖草药的老先生。这老先生身背药葫芦，药葫芦上还悬挂着一缕金黄色的缨穗，分外显眼。于是全家人把老先生请进门，询问有无治疗尿床的药草，老人摇了摇头。兄弟仨听了,拱手相求:"我们就守着这么一根独苗,可他有病,求您给想想办法吧,"老人说:"我倒认识一种药能治这病,可是得到南方去采,那地方到处有瘴气,瘴气可毒人啊!"弟兄三个都跪下了,求老人辛苦一趟。乐于助人的老先生只好冒险去了南方。一直到3个月后,老人才挣扎着回来了。弟兄仨一看,发现老人浑身浮肿,面无血色。原来是不幸中了瘴气的毒,并且无药可治。

　　老人把采来的药材放在桌上,嘱咐了几句,竟溘然长逝。兄弟仨感动得痛失声,他们厚葬了舍己救人的老先生,那个宝贝儿子用药后,尿床的病症不久便好了,后来儿子也娶了妻生了子。因为老人没留姓名,只有那药葫芦和上面挂着的一缕金黄色的缨穗成为老先生留给他们的永久纪念。为感谢采药的老先生,弟兄三人把药取名叫"金缨",后来,叫来叫去,"金缨"渐渐被写成"金樱"。

37. 金鱼草

一、简介

　　金鱼草,又名龙头花、狮子花、龙口花、洋彩雀,龙头工化,为玄参科金鱼草属多年生草本植物。株高20厘米~70厘米,叶片长圆状披针形。

总状花序，花冠筒状唇形，基部膨大成囊状，上唇直立，2裂，下唇3裂，开展外曲，有白、淡红、深红、肉色、深黄、浅黄、黄橙等色。

二、金鱼草意蕴

金鱼草：清纯的心。

白色金鱼草：心地善良。

红金鱼草：鸿运当头。

粉金鱼草：龙飞凤舞、吉祥如意。

黄金鱼草：金银满堂。

紫金鱼草：花好月圆。

杂色金鱼草：一本万利。

三、金鱼草箴言

在现实生活中又多少人和小草一样，他们没有优越的条件，没有可以帮助自己的东西，在人生道路上遇到无数的困难，他们艰难而坎坷地行进着。有着积极向上的心态。有些人只会抱怨上天对自己的不公平。让自己摔跟头、自己却不去改变命运，用意志打到一切。像小草一样不退缩，利用好阳光、雨水、春风。顽强克服一切困难。做人就应该做出小草的精神，有着顽强向上的精神。我们应该学习小草的这种精神，用这种品质驾航，驶向成功的彼岸。

四、神奇药用

全草,味苦,性凉。有清热解毒,凉血消肿的功能。外用用于跌打扭伤、疮疡肿毒。此植物有毒性,误食可能会引起喉舌肿痛,呼吸困难,胃疼痛;有皮肤过敏的可能接触后会感到瘙痒。所以,药用必须听从医嘱。

五、生长环境

国际上广泛将金鱼草用于盆栽、花坛、窗台、栽植槽和室内景观布置,近年来又用于切花观赏。较耐寒,不耐热,喜阳光,也耐半阴。

六、金鱼草品种

至今金鱼草有矮生种、半矮生种、高秆种以外,又有10厘米株高的超矮生种,有许多属4倍体品种。近来又选育出重瓣的杜鹃花型、蝴蝶型的新品种。金鱼草是一种相当有趣的植物。在欧洲,这种花的外型酷似拳师狗;在日本,则长得像金鱼。不过,这种植物不只是具有供人欣赏的价值而已,它的种子经过压榨之后所产生的油,和橄榄油一样好用。因此它的花语是"具利用价值"。

七、气质诗文

(一) 迎向太阳的小草

如果我是草

我会知足地生长

不管高山雪地

还是贫坡瘦梁

根紧扎在地下

叶脉迎向阳光

只要生命能够承载

天涯即是故乡

如果我是草

我会尊严地生长

不怨营养不足

或阳光太少

唾弃都市温床的圈养

故弄风骚，阿谀奉承的招摇

我只会坦诚相告

尽管相惜的人很少

我无言无悔

纵然岁月仓促

我依然执著

如果我是草

我会快乐地生长

体验酷寒交错的感觉

享受日月精华的垂爱

白天与天空相语

夜晚邀星促谈

带着对大自然的热爱

追逐随性的年华

如果我是草

我不会孤芳自赏

那绽放的自由之花

在蜂，蝶追逐下

将欢乐恣意播撒

只希望

微风能够对我微笑

只希望

温馨在我身边环绕

只希望

无声的欢乐

源源不断地伴着心跳

缓缓流动在夜色下

永远不想知道

忧愁何时会来到

悄悄把欢乐

装满心灵随风摇

载满梦之船

离开尘世的喧闹

钻入安静夜晚的怀抱

把那盘踞心底的烦恼

全部消灭

只希望

风能够邀请我

遨游在天边

梦中牵着微风

轻轻漂浮随意逍遥

（二）永不言败

种子不因被埋没

而放弃向上的追求

时光不因被流失

而放弃前进的旅途

小草不因被火烧

而放弃生存的勇气

蜡烛不因被点燃

而放弃光明的照射

石灰不因被粉碎

而放弃清白的身躯

人不因被黑暗笼罩

而放弃对黎明的追求

（三）金鱼草的温柔细语

沙发正廊的台案上停泊着两瓶金鱼草，在灯光的柔和下，散发着滋润。花瓶海蓝青色，高高地、亭亭玉立。里面依稀可以看到水在漫动。她们彼此的距离是两个肩膀远。

虽则冬季，室内也不怎么温暖，那两个挺拔的瓶子权当是两只高高的靴子，毕竟里面是柔裙一样的姿密。刚经过时，我看了看里面的水度，估计她身姿过半的高度。你也与她们保持一定距离，就

草的大千世界 下

这么静静地端详……

叶子，我昨儿看时还不肯伸展；今儿便有了几分荡漾，左边的已然自然态，肯主动地伸出小手儿——纤长的、略微宽泛一点儿的叶片。右边的还警觉的倾听。像海带一样的叶片波纹。暗影浮动的是过往人的影子。而我却看到了酒红色的缤纷。

小太阳一样的灯如屋檐般轻薄地照耀着她们，光与影在壁面呈现奶白色的光芒，这一面墙都是她们的。

她们中间醉了的酒红，时或探出脑袋，与另一瓶中的递个眼色，探出繁复的脑袋想送达一份秋波。彼此并不远，却相距。右边的花舒展而高盈，花骨朵盈盈伫立在头顶——淡绿色的、相当精神的昂首挺胸、携带着沉甸甸的喜悦。可以看到左边的头顶。左边一盆比较局促，沉甸甸地累在一起，眉目不清秀。就这样，她们也尽量抖落出自己的芬芳，以自己的姿态展示给别人倾吐。总观，她们的个儿头是相当的。

一个高挑的情人——花枝招展，那是右边的；一个缀满了金串、臃肿一些的，便是左边的。右边借着光的明丽，更增几分姿色与娇艳，那酒红绚烂的整个脸颊——醉，醉的淡淡、柔柔、轻轻、薄薄。躺在春花烂漫的郊野，依偎在夏的妩媚肩。她是那样的明丽，如彩虹一样绚烂，掉进了清波绿海，缠了一身的眷恋，倒在了翡翠波的深渊。

左侧，姣小玲珑，有一点儿睡美人的怠慢，总也不眨出最精神的眼睛；矮矮的花骨朵，像发坠一样点缀着，倒顺应了她的小巧。不急待像出水芙蓉一样展示，但眼睛里却闪烁着璀璨，一份不安摇摇欲坠。

经过的人不必看，却闻出了妩媚，听到了她们缠绵的诉说，人有人言，物有物语，繁华的都市时而忙乱了我们的心，静下心来吧，感受一草一木的温柔。

38. 桔梗

一、简介

桔梗，又名僧冠帽、铃铛花、属桔梗科桔梗属的多年生宿根草本花卉。别名为铃铛花、六角荷、梗草、白药。植株高约70厘米，人工栽培的可高达1米。叶对生、轮生或互生，表面光滑，背面轻敷白粉。花单朵或二三朵生于梢头，含苞时如僧帽，开后似铃状。花有紫蓝、翠蓝、净白等多种颜色，多为单瓣，亦有重瓣和半重瓣的，花姿宁静高雅，花色娇而不艳。日本以紫色代表桔梗，朝鲜以桔梗为清高。

二、桔梗意蕴

不变的爱，诚实，柔顺，悲哀。

三、桔梗箴言

我觉得生命是最重要的，所以在我心里，没有事情是解决不

了的。不是每一个人都可以幸运的过自己理想中的生活，有楼有车当然好了，没有难道哭吗？所以呢，我们一定要享受我们所过的生活。

四、生长环境

桔梗花的紫中带蓝，蓝中见紫，清心爽目，给人以宁静、幽雅、淡泊、舒适的享受。在百花园中，别具一景，被誉为"花中处士、不慕繁华"，与红花相配，有"出类拔萃"之感，为优美的切花，广泛应用于花篮，花束，一枚桔梗，可增添插花的观赏效果。也可作盆栽花或地植于花径、花坛。

五、神奇药用

（一）功能

开宣肺气、祛痰止咳、利咽散结、宽胸排脓。药理实验证实，桔梗有抗炎、镇咳、祛痰、抗溃疡、降血压、扩张血管、镇静、镇痛、解热、降血糖、抗过敏等广泛作用。

（二）现代药理研究

桔梗有祛痰、镇咳、平喘作用。

桔梗的水和醇提取物均有降血糖作用。

粗提桔梗皂甙有抑制大鼠胃液分泌和抗消化性溃疡的作用。

桔梗有抗炎和免疫增强作用。

桔梗有降低胆固醇作用。桔梗皂甙能增加胆酸分泌，降低大鼠肝脏中的胆固醇含量，增加类固醇的排出。

桔梗有镇静、镇痛、解热作用。

桔梗皂甙有局部刺激和相当强的溶血作用。

桔梗粗皂甙有降低血压、减慢心率、抑制呼吸作用。

桔梗有抗菌作用，对多种球菌、杆菌及絮状表皮癣菌有抑制作用。

桔梗有抑制肠管收缩的作用。

桔梗有利尿消肿、抗过敏、抗肿瘤作用。

（三）相关文献

（1）《神农本草经》：味辛，微温。主治胸胁痛如刀刺，腹满，肠鸣幽幽，惊恐悸气。

（2）《名医别录》：味苦，有小毒。主利五藏肠胃，补血气，除寒热风痹，温中，消谷，治喉咽痛，下蛊毒。

（3）《药性论》：臣，味苦，平，无毒。能治下痢，破血，去积气，消积聚痰涎，主肺气气促嗽逆，除腹中冷痛，主中恶，及小儿惊痫。

（4）《开宝本草》：味辛、苦，微温，有小毒。利五脏肠胃，补血气，除寒热风脾，温中消谷，疗喉咽痛，下蛊毒。

六、清新美味

（一）桔梗炒银耳

原料：水发银耳50克，桔梗嫩苗250克，葱花，生姜末，精盐，味精，植物油，素鲜汤各适量。做法：

（1）桔梗去杂洗净，水发银耳洗净。

（2）炒锅上火，放油烧热，下葱花，生姜末煸香，再投入银耳和桔梗嫩苗急速翻炒，加入精盐，味精，素鲜汤，炒至断生入味即成。

特点：香脆可口，滋阴润肺，养胃生津，防癌抗癌。

（二）桔梗牛杂汤

材料：

金钱肚200克，桔梗100克，萝卜80克，蕨菜、黄豆芽各30克，葱、姜末各少许。调料胡椒粉适量，酱油1小匙，蒜泥1/2大匙，色拉油2大匙。

做法：

（1）将金钱肚洗净切条，下入沸水中轻焯，捞出冲凉备用。

（2）将桔梗洗净，放入容器内浸泡至软，撕条。

（3）萝卜去皮切块，蕨菜去老根洗净切段。

（4）锅中加2大匙色拉油烧热，加葱姜末、料酒、酱油、桔梗、金钱肚炒至上色，然后倒入清水8杯，放入蕨菜、黄豆芽、萝卜煮10分钟，下入胡椒粉调匀入味即可。

材料替换：

用羊杂替换牛杂，称为桔梗羊杂汤。

口味变化：

调料重用白醋、胡椒粉，称为酸辣牛杂汤。

（三）桔梗黄豆煲猪手

材料：

用料原材料：桔梗10克，泡好的黄豆100克，猪手200克，姜

10克,奶汤1500克。调味料:盐5克,鸡精3克,糖1克,胡椒粉1克。

做法

(1)猪手斩件汆水,干桔梗洗净,姜切片待用。

(2)净锅上火,放入奶汤、姜片、猪手、黄豆、桔梗,大火烧开转小火炖50分钟调味即成。

功效

桔梗治疗痰多咳嗽、嗓音嘶哑、咽喉肿痛等不适症状。

猪手即猪蹄,富含丰富的蛋白质,尤其对产后乳少、体弱者有特别的进补功效。爱心提示:一般人群皆可食用,但风寒者不可贪食。

(四)凉拌桔梗

材料:

桔梗200公克,小黄瓜1/2根,芝麻1小匙,辣椒酱2大匙,醋2大匙,糖2大匙,辣椒粉1小匙,酱油1小匙,麻油1小匙。

做法:

(1)桔梗洗净泡软;小黄瓜洗净,去头尾切片备用。

(2)将所有材料及调味料充分混合,搅拌均匀至入味即可食用。

六、美好传说

传说,道拉基是一位姑娘的名字,当地主抢她抵债时,她的恋人愤怒地砍死地主,被关入监牢,姑娘悲痛而死,临终前要求葬在青年砍柴必经的山路上。

第二年春天,她的坟上开出了紫色的小花,人们叫它"道拉基"("桔梗"的朝鲜文)花,并编成歌曲传唱,赞美少女纯真的爱情。每年春天,朝鲜妇女结伴上山挖桔梗,由于她们平日按习俗不得出门,因此在外采集桔梗时这首歌也表达了一种愉快的心情。

朝鲜族对桔梗特别有感情。在朝鲜、韩国、日本把桔梗当作食用蔬菜十分普遍。

韩国人素有食用鲜桔梗的习俗,韩国超级市场等处常有小包装的保鲜、冷藏或腌制桔梗出售,把它当作是餐桌上必不可少的一种菜肴。

39. 苦苣

一、简介

适于生食、煮食或作汤。苦苣叶披针形。头状花序,约有小花20朵,花冠淡紫色,雌蕊柱头双叉状淡蓝色,雄蕊5,连成筒状,花药淡蓝色。种子短柱状,灰白色,千粒重1.6克。种子发芽力可保持10年,生产中多采用保存1~3年的种子播种。进入初夏后会开蓝色小花,是清晨绽放、晚上闭合的一日型香草,但能够连续不断的开展。

二、苦苣意蕴

真挚、苦尽甘来。

三、苦苣箴言

痛苦能使人清醒，人活着就痛苦，那本是谁也无法避免的事，你若能记住这句话，你一定会活的更坚强些，更愉快些。因为你渐渐地就会发现，只有一个能在清醒中忍受痛苦的人，他的生命才有意义，他的人格才值得尊敬。——古龙

四、生长环境

苦苣菜是一种中生阳性植物，喜水、嗜肥、不耐干旱。喜潮湿、肥沃而疏松的土壤，苦苣菜原产欧洲，目前世界各国均有分布。在中国除气候和土壤条件极端严酷的高寒草原、草甸、荒漠戈壁和盐漠等地区外，几遍布中国各省区。

五、神奇药用

功效主治

功效：清热解毒

主治：治黄疸，疗疮，痈肿。苦菜性味苦寒，具有清热解毒、

凉血的功效。用于治痢疾、黄疸、血淋、痔瘘、疔肿等。《滇南本草》载"凉血热,寒胃,发肚腹中清积,利水便。"《本草纲目》载"治血淋痔疹"。脾胃虚寒者忌食。

六、清新美味

(一) 肉丝海蜇拌苦苣

材料:苦苣500克、猪里脊50克、海蜇100克、大蒜2瓣。

调味料:盐1小匙、糖1大匙、海鲜酱油2大匙、料酒1/2大匙、米醋1+1/2大匙、香油1/2大匙、麻油1/2大匙、辣椒油1/2大匙、鸡精1小匙、芝麻少许、玉米油少许。

做法:

(1) 海蜇皮洗净后,切成细丝放入大碗内,用温水泡1小时;

(2) 大蒜切成碎末放入小碗内;苦苣洗净后分三段撕开码放装盘待用;

(3) 猪里脊切成丝放入料酒、一大匙海鲜酱油拌匀;

(4) 锅内倒少许玉米油,油开后放入猪肉丝炒熟,盛出备用;

(5) 海蜇皮泡好后用温水投2遍,码放到苦苣上,再放上炒好的肉丝;

(6) 把余下的调味料与放大蒜的小碗混合拌匀,淋到苦苣上,撒上芝麻粒即可。

(二) 肉丝拌菊花苦苣

材料:苦苣2棵,食用菊花2朵,葱,姜丝,生抽25克,糖10

克，干辣椒半个，醋20克，熟芝麻3克，鸡精10克，花生油25克，香油5克，花椒油5克。

（1）将苦苣和菊花用淡盐水浸泡2分钟洗净撕开，摆入盘中，干辣椒剪成丝放在上面中间；

（2）瘦肉切丝用淀粉上浆备用；

（3）取一净炒锅坐火烧热，加入花生油烧至7成热，用锅铲盛一些浇在干辣椒丝上；

（4）用葱姜丝爆锅，下入瘦肉丝翻炒至变色，加入黄酒、生抽翻炒均匀出锅倒在苦苣上；

（5）把醋、糖、鸡精、香油、花椒油（麻的）夹入盘中，撒上芝麻即可，吃时拌匀。

（三）虾皮苦苣饼

原料：

白面粉60克，绿豆粉60克，虾皮5克，苦苣50克，酵母2克，白糖3克，食盐2克，清水100克，食用油少许。

做法：

（1）白面和绿豆粉放入容器。

（2）加入酵母混合均匀。

（3）加入白糖和食盐，用水搅拌成稠稠的糊。

（4）洗净的苦苣切碎，与虾皮一起放入容器中，与稠面糊拌匀，静置15分钟。

（5）平底锅烧热，放入食用油，将稠面糊抓起一团揉圆压成圆饼状，放入锅中煎到两面金黄即可。

备注：面团很粘手，可以提前在手上抹少许油。

七、气质美文

苦苣颂

在驼铃叮咚的丝路古道上,在神奇苍茫的西北黄土地上,到处都生长着一种普普通通而又毫不起眼的乡间小菜——苦苣。

早春时节,当春姑娘姗姗而来,撩开迷人的面纱,露出秀美的笑脸时,你最先挤出地面,将两只豆芽瓣似的纤纤玉手举过头顶,仿佛用自己的全部身心拥抱春天,迎接这生命的使者。灵秀的村姑,顽皮的孩童惊喜地发现了你,手持小铲把你挖了回去,于是在农家的餐桌上又多了一味佳肴。盛夏时节,是你生命中最为辉煌壮丽的时候,你成熟了。你白胖胖的根茎,墨绿绿的叶片,诱惑了多少村姑少妇,她们三五成群,迈着轻盈的步子,或笑或歌,结伴来到田间,满怀着喜悦小心翼翼地剜起你,然后又怀着收获的喜悦回家去;再后,或携篮上市出售,或制作酸菜浆水,你又给人们的生活带来几多情趣,几多欢娱。无怪乎有人称你为"败酱草,"并且撰文声称:苦苣,味微苦,清热祛暑,解毒止渴、生津滋阴;故中医以你为良药,而列入于方剂之中。

功名利禄向来与你无缘。也许是秉性难移,庭院华堂,你不争占;宫禁苑林,你不向往。你仅栖身于田间地头、乡野小道、沟坡路畔,此生便足矣。任凭车马践踏,牛羊啃吃,你从来不埋怨命运多舛,更不感愧忧伤。对生活无奢望,对别人无所求,这正是你的可贵、可敬、可爱之处。

苦苣是生长着的禅。我在想,本来与蔬菜同等的养活着人们,却彻底和草一样野生，这不是从心底上存在着的无私奉献吗？体汁的苦就是生命的甜，苦即是甜——甜是苦的开始，苦是甜的极端；虽然它株形矮小，但其生活空间却很大，小即是大，以小见大才是真正的大；虽然它不企图过大作为，不做栋梁梦，不求不朽名，但它用自己的繁荣告诉人们无为即有为是永远的真理。

啊！苦苣，你是大西北的象征，大西北的骄傲；你是西北黄土地上千千万万劳动人民的真实写照。你多么像纯朴无华，忘我劳作的山民哟，苦苣！我崇尚你，向往你，赞美你，愿永远学习你。

40. 凉粉草

一、简介

凉粉草又名仙人草，仙人冻，仙草，为唇形科植物，茎下部伏地，上部直立，叶卵形或卵状长圆形，先端稍钝，基部渐收缩成柄，边缘有小锯齿，两面均有疏长毛；着生于花序上部的叶较小，呈苞片状，卵形至倒三角形，较花短，基部常带淡紫色，结果时脱落。总状花序柔弱，花小，轮生，萼小，钟状，2唇形，上唇3裂，下唇

全缘，结果时或筒状，下弯，有纵脉及横皱纹；花冠淡红色，上唇阔，全缘或齿裂，下唇长椭圆形，凹陷；雄蕊4，花丝突出；雌蕊1，花柱2裂；花盘一边膨大。小坚果椭圆形。花期秋季末。

二、凉粉草意蕴

冷静、淡定。

三、凉粉草箴言

沉着冷静，永不气馁，这是每一个人所应养成的品格，任何人都应永远保持一副亲切和蔼的笑容、一种希望无穷的气魄，一种必能战胜任何突然袭来的逆浪的自信力和决心。他们应该不急躁、不懊恼，不轻易发怒，更不应该遇事迟疑不决，这些良好的品性，往往比焦心忧虑更容易解决许多困难。

四、生长环境

生于坡地、沟谷的小杂草丛中。

五、神奇药用

（一）功能主治

清暑，解渴，除热毒。是凉粉的主要配料之一。

治中暑，消渴，高血压，肌肉、关节疼痛。

（二）相关文献

(1)《本草求原》：清暑热，解藏府结热毒，治酒风。

(2)《广东中药》：治湿火骨痛。

(3) 广州部队《常用中草药手册》：清热解暑。治感冒，高血压，肌肉、关节疼痛。

六、清新美味

（一）凉粉草鸡

凉粉草鸡也是一道手续简单的料理，制作凉粉草鸡所需的材料有凉粉草干品就可以，大约一斤凉粉草干品配一只鸡，熬煮时先将凉粉草干煮开两小时，喜欢口味重的人可以熬煮久一些，让药效彻底释放出来，然后将凉粉草捞起，把鸡块放入汤汁中，不需加盐与味精，用电锅蒸煮即可，口感会非常清爽。凉粉草鸡因为有凉粉草的作用，所以可以怯热，避免中暑。

（二）经典凉粉

原料：大米 1500 克、凉粉草 500 克，选用新鲜凉粉草做的称青凉粉，干凉粉草做的称黑凉粉。做法：

(1) 先将大米浸泡 4 小时，磨成米浆备用。

(2) 先用清水浸洗凉粉草，洗净后放下用锅加水把凉粉草煮软。

(3) 待煮熟之后把锅里的汁留着备用，把锅里的凉粉草拿出

(拿出的时候把草上像胶状的物质仙草胶弄到先前锅里的汁液里再拿去过第二次水)。

(4) 凉粉草拿出之后待凉,然后放进清水里搓,把它的精华都搓出来。(草里的汁液就在水里了吧,凉粉草上的仙草胶胶状物是精华),之后凉粉草就可以扔了。

(5) 将第二次过水和先前锅里备用的汁液混合,倒在一起。然后用隔渣袋子隔渣把汁液里的渣都隔去,隔到最后布袋里就剩渣了(渣没用要扔掉),就可以把汁液下锅煮了。

(6) 把汁液放到锅里煮,期间记住要不停地搅拌,千万不要粘底。

(7) 要到粘米粉出场了,把粘米粉用水兑开,不要粘稠状,要兑到液体状。等锅里汁液快熟的时候倒进锅里面,不停搅拌(前后搅拌)。

(8) 汁液表面有大泡泡就表示熟了,要把泡泡捞掉,都是脏东西。

(9) 最后把汁液倒进容器,等凉了凝固后就大功告成了。彻底冷却后即为晶莹剔透、富有弹性的黑绿色食品,将其切成薄薄的小块。根据各自的口味,佐以蜂蜜、白糖或酱油辣椒水,滑溜爽口,风味独具一格,可解渴也可充饥,长期食用,具有清热解毒、降压抗癌之功效。

(三) 凉粉草粉葛汤

材料:凉粉草60克,粉葛120克,白糖少许。

做法如下:

(1) 将凉粉草洗净;粉葛去皮,洗净,切片。

（2）将全部用料一起放入锅内，加清水适量，武火煮沸后，文火煮1小时，取汤2碗，放白糖少许调味即可。

七、美好传说

传说明末时兵荒马乱，有一户梁姓人家避乱逃到信宜水口双狮墟，所带口粮早已食尽绝，梁家从附近人家讨得大米半升，但一家10多口人，杯水车薪，主家的小婶无计可施，拖着饥饿劳累的身子，在路边小山坡的一草丛旁坐下流泪，不想饥饿难忍，随手拔了一把野草就往嘴里塞，嚼着嚼着发现野草汁液淡甘，带有胶性，一时饥渴尽消，精神了起来，梁婶知道这是一种可食用的野草，便有了主意，

她采摘了一大捆野草回来，把讨来的半升大米泡软，到附近一户人家借用磨石，把采来的野草与大米一齐磨成了浆，准备煮成糊糊分给家人食用。等煮熟后，梁婶怕家人问这是什么糊糊，自己不好答，便把煮好的糊糊藏到小溪的石隙中，自己又回到采草的地方，拔了几根去借用磨石家问。不想别人也不知这草叫什么名字，只说了一声："梁婶！"摇摇头走了。梁婶是外地人，初到贵境也不便深问下去，以为梁婶就是这种草名字，便记了下来。

当梁婶回到小溪的石隙中取出糊糊时，奇迹发生了，那盆糊糊受溪水浸泡，竟然凝结成碧绿的冻状糕样，梁婶用勺挑出一块尝尝，发现该糕清香可口，便拿去给家人食用，家人问这糕的名字时，梁婶用她那外地口音说："这是凉粉！"于时凉粉这名字就传开了，因为凉粉这种冻糕是用草做的，就干脆把凉粉糕称作凉粉草，以示对梁婶的区别，后来梁家因发明了凉粉这种食物，得以谋生手艺，就

在水口双狮墟定居下来。

据查,信宜是凉粉草的主要野生原产地,凉粉草生于坡地、沟谷的小杂草丛中。明末清初,当地人引种田头菜地,农闲时制作凉粉食用,他们用新鲜的凉粉草加以番薯叶和少量的大米,磨成稀浆,再把这种混合物煮成糊状,冷却成糕。充作食粮。

信宜凉粉草以暑天可防暑解渴,又能充饥而深受当地农民所喜爱,大暑小暑家家户户必备。凉粉草成为当地的一种风味特色食品。

41. 刘寄奴

一、简介

多年生直立草本,高60厘米~100厘米。茎有明显纵肋,被细毛。叶互生;长椭圆形或披针形,长6厘米~9厘米,宽2厘米~4厘米,先端渐尖,基部狭窄成短柄,边缘具锐尖锯齿,上面绿色,下面灰绿色,有蛛丝毛,中脉显著;上部叶小,披针形,长约1.5厘米;下部叶花后凋落。头状花序,钟状,长约3毫米,密集成穗状圆锥花丛;总苞片4轮,淡黄色,无毛,覆瓦状排列;外层花雌性,管状,雌蕊

1；中央花两性，管状，先端 5 裂，雄蕊 5，聚药，花药先端有三角状附属物，基部有尾，雌蕊 1，柱头 2 裂，呈画笔状。瘦果矩圆形。花期 7~9 月。果期 8~10 月。

二、刘寄奴意蕴

峰回路转、梦想、渴望。

三、刘寄奴箴言

无数艰难，无数险阻，构成了整个生命的画卷；无数转折，无数岔口，教会了我们坚定和执著。翻过这一峰，另一峰却又见。生命的意义在于生活，而生活的意义在于真心付出，用热情创造每一个明天，用微笑面对每一次转折，在转折中学会判断，在转折中学会坚持，在转折中学会依赖，生命其实是一首无悔的阙歌。

四、神奇药用

(一) 功能主治

刘寄奴为菊科多年和草本植物奇蒿的全草。中医认为其性温、味苦，它具有疗伤止血，破血通经，消食化积，醒脾开胃的功效。它可用于急性黄疸型肝炎、牙痛、慢性气管炎、口腔炎、咽喉炎、扁桃体炎、肾炎、疟疾；外用治眼结膜炎、中耳炎、疮疡、湿疹、外伤出血。外伤出血局部肿胀可用该品煎汤淋洗疮口，能消炎止痛，防止感染。

（二）相关文献

（1）《唐本草》："主破血，下胀。"

（2）《日华子本草》："治心腹痛，下气水胀、血气，通妇人经脉症结，止霍乱水泻。"

气血虚弱，脾虚作泄者忌服。

（3）《本草经疏》："刘寄奴草，其味苦，其气温，揉之有香气，故应兼辛。苦能降下，辛温通行，血得热则行，故能主破血下胀。然善走之性，又在血分，故多服则令人痢矣。昔人谓为金疮要药，又治产后余疾、下血止痛者，正以其行血迅速故也。"

五、清新美味

（一）刘寄奴汤

刘寄奴汤原料：刘寄奴12克。

做法：

刘寄奴水煎服，亦可制成每100毫升含生药100克的合剂，每日服2次，每次服50～100毫升，儿童酌减，连服15天为1个疗程。

刘寄奴汤功效、功能：芳香健胃，化瘀止痛。本汤适用于急性传染性肝炎（黄疸型或无黄疸型）属湿滞血瘀者，症见体倦乏力，饮食减少，右胁疼痛，肝脏肿大，肝功异常等。

（二）刘寄奴茶

功效：消食减肥。

注意：不宜过量喝。

方法：刘寄奴煎熬 20～30 分钟，将水滤出，用纱布装好刘寄奴，泡水当茶喝。

六、美好传说

（一）

众所周知，刘寄奴本来是宋武帝刘裕的小名，可为什么又成了一味中药名呢？

原来传说刘寄奴小时上山砍柴，见一条巨蛇，急忙拉弓搭箭，射中蛇首，大蛇负伤逃窜。第二天他又上山，却隐隐约约从远处传来一阵捣药声，即随声寻去，只见草丛中有几个青衣童子捣药，便上前问道："你们在这里为谁捣药？治什么病呢？"童子说："我王被寄奴射伤，故遣我们来采药，捣烂敷在患处就好了。"寄奴一听，便大吼到："我就是刘寄奴，专来捉拿你们。"童子吓得弃药逃跑，寄奴便将其草药和臼内捣成的药浆一并拿回，用此药给人治疗，颇有奇效。后来，刘寄奴领兵打仗，凡遇到枪箭所伤之处，便把此药捣碎，敷在伤口，很快愈合，甚为灵验。但士兵们都不知道叫什么药，只知是刘寄奴射蛇得来的神仙药草，所以就把它叫"刘寄奴"。这是历史上唯一用皇帝的名字命名的中草药，一直流传到现在。

（二）

《南史》记载，南北朝时期的宋武帝刘裕，字寄奴，原为东晋大将，在他称帝前，有一次率兵出征新洲，敌军主力被消灭后，其残余人马逃奔山林。刘裕在带兵追剿中，被一条横卧路上的巨蛇挡住。刘裕弯弓搭箭命中巨蛇，巨蛇负伤而逃。第二天，刘裕带兵到林中继续搜查敌军残余。忽闻山林深处有杵臼之声,便派士兵前去查看。士兵循声寻去,只见几名青衣童子正在捣药。士兵正欲举刀杀之,众童子伏地哀求说:"只因昨日刘将军箭中我主,我主疼痛难忍,命我等捣药敷伤。"士兵们将此情回禀刘裕,刘裕甚觉诧异,乃前往察看,发现青衣童子不见了,只见地上有草药数束,遂命士兵将草药带回试敷金疮,甚是灵验,于是在军中推广使用。那时,不知这种草药叫什么名字,大家认为是刘裕将军射蛇得药,便以刘裕的字命名"刘寄奴"。

七、气质诗文

刘裕当年字寄奴,草生何事有尊呼。
斩蛇须记言非妄,捣药应知事不诬。
肿毒风吹皆可傅,金疮血出总能敷。
子花茎叶俱存用,取次通医经脉枯。

42. 龙胆草

一、简介

龙胆草为多年生草本,高1~2尺。叶对生,下部叶2~3对很小,呈现鳞片状,中部和上部叶披针形,表面暗绿色，背面淡绿色，有三条明显叶脉，无叶柄。花生于枝梢或近梢的叶腋间，开蓝色筒状钟形花。果实长椭圆形稍扁，成熟后二瓣开裂，种子多数，很小。根茎短，簇生多数细长根，淡黄棕色或淡黄色，龙胆草为龙胆科多年生草本植物条叶龙胆等的根和茎，主产东北地区，春、秋二季均可采收，以秋采者质量为佳。龙胆草性味甘，寒，清热燥湿，其泻肝胆实火作用甚强，并可息风止痉止痛。

二、龙胆草意蕴

胆大心细、豪迈、柔情。

三、龙胆草箴言

大胆的见解就好比下棋时移动一枚棋子，虽然可能被吃掉，但它却是胜局的起点——不敢迈步，就永远走不出自己的路。做任何事，只要用心去做，即便是在怎么难，相信你也可以克服一切阻力，勇往之前，并且最终取得成功。

四、生长环境

该植物是一种高山植物，性喜潮湿凉爽气候，野生于山区、坡地、林绿及灌木丛中。在植物整个生长季节，温度是相当高的。

五、神奇药用

（一）功能主治

清热燥湿，泻肝定惊。湿热黄疸；小便淋痛；阴肿阴痒；湿热带下；肝胆实火之头胀头痛；目赤肿痛；耳聋耳肿；胁痛口苦；热病惊风抽搐。

（二）相关文献

（1）《纲目》：疗咽喉痛，风热盗汗。相火寄在肝胆，有泻无补，故龙胆之益肝胆之气，正以其能泻肝胆之邪热也。

（2）《本草新编》：龙胆草，其功专于利水，消湿，除黄疸，其余治目、止痢、退肿、退热，皆推广之言也。

注意：本方药物多为苦寒之性，内服每易有伤脾胃。

六、美好传说

相传，大洋山曾村有个穷孩子叫曾童，长年替财主放牛过日子。一天，曾童牵牛上山，见山坪的水塘中有个美女在洗澡，就躲在柴丛里张望。一会儿，那美女洗完澡，走上岸来，忽然变成一条大蛇，盘在塘边呼呼睡去，口里还吐出一颗珠，闪闪发光。曾童胆大，走上前去，悄悄拾来，放在身边玩玩。原来这是一条修炼已久，能变化人形的蛇神。这颗珠就是蛇丹。

蛇神睡醒，见蛇丹丢失，心里慌张，急忙变做一个老人家，四下里寻找起来。老人家见了曾童，就问："放牛阿哥，你是否看见有颗珠落在地上？"曾童从袋里摸出蛇丹，双手送还给她。

蛇神见曾童诚实，问道："孩子，你叫什么名字？你有家吗？""我叫曾童，爹娘早死，家里只剩我一个人了。""孩子，你若愿意，就拜我做干娘，到我家里，我供你吃，供你穿，还教你识字练功夫，好吗？"曾童见蛇神没有恶意，就点了点头，跟蛇神走了。

从此，曾童作了蛇娘的干儿子，在洞府里一住3年。这天，正是曾童十六岁生日，蛇娘对曾童说："你已长大，可以去做事了。现在有个出仕的机会，当今皇帝的太子生了重病，没人能够治好。你去治好他，就会'白马尽骑，高官尽做'了！""我不会看病。""没关系，为娘肚里有胆汁，你钻进去取一点来，保险能治好。"蛇娘说着给曾童一枚针和一只放眼药粉的小空瓶，马上现出大蛇原形，伏在地上，张开大口。曾童顺蛇口钻入蛇肚，摸到蛇胆，举针一刺，接了几滴胆汁，又钻了出来。

蛇娘为曾童收拾行装，又送曾童到门外。临别时，蛇娘对曾童说："以后有难事就来找娘，只要爬上33级崖梯，敲了3下，娘就会来开门的。"曾童记下，一路走去。

曾童来到京城，揭了皇榜，用蛇胆汁治好了太子的病。皇帝可怜他年少，父母双亡，就留他伴太子读书习武，还赐名曾相，说是日后太子登基时再拜为丞相。

过了一年，皇帝的公主也生了与太子一样的病。皇帝召来曾相，说："卿若能治好公主，朕就招你为驸马。"

曾童想到临别时蛇娘的吩咐，就连夜赶回大洋山，爬上崖梯，数到33级时停下，敲了3声，石门立即打开。娘儿相见，格外欢喜。

蛇娘已知曾相的用意,又给他一枚针和一只空瓶,还交代说:"你这次入肚取胆汁,只能用针戳一下,勿贪多!"

曾相钻入蛇肚,刺了一下,接了胆汁,偏偏心想:这胆汁这么灵,索性多取一点。娘啊娘,你也不要小气,让儿多取点吧!这么一想,又举起手来,一连猛刺几针。大蛇负痛,嘴巴一闭,肚子一缩,打了几个滚,就昏过去了。曾相呢,也活活闷死了。

蛇娘痛醒,觉得恶心,就大口大口地吐了起来。那些胆汁吐到草上,就成了"蛇胆草"。

蛇娘怨曾相贪心,又可怜公主病重,就化成老妇人,采了蛇胆草,来到金銮殿,推说曾相暴死,由娘代子送医,得到黄帝的信任。蛇娘让公主服了蛇胆草,公主的病也就好了。

皇帝一时高兴,问起这草药的名字。皇帝没听清蛇胆草,就说:"龙胆草好,龙胆草好!"皇帝是"金口玉言","蛇胆草"也就成了"龙胆草"了。后来,有人在大洋山顶盖了一座"蛇神庙",庙里刻着一副对联曰:"心平还珠神为娘,心贪刺胆蛇吞相。"

43. 芦苇

一、简介

芦苇的植株高大,地下有发达的匍匐根状茎。茎秆直立,秆高1~3米,节下常生白粉。叶鞘圆筒形,无毛或有细毛。

叶舌有毛,叶片长线形或长披针形,排列成两行。叶长15~45

厘米，宽 1 厘米~3.5 厘米。圆锥花序分枝稠密，向斜伸展，花序长 10 厘米~40 厘米，小穗有小花 4~7 朵；第一小花多为雄性，余两性；第二外样先端长渐尖，基盘的长丝状柔毛长 6 毫米~12 毫米；内稃长约 4 毫米，脊上粗糙。具长、粗壮的匍匐根状茎，以根茎繁殖为主。

大多数芦苇长花，少数芦苇长棒，棒呈黄褐色，棒面毛茸茸，约一元硬币粗细，十多厘米长，棒刚摘下来是硬的，然后越来越软，点燃的芦苇棒会有烟，可驱蚊，无毒。

二、芦苇意蕴

漂泊、摇摆不定。

三、芦苇箴言

爱上漂泊，像船只一样驶向远方，孤独算什么，只要每行至一处都有目的，只要每行至一处，都留有灿烂的印痕。

四、生长环境

生长在灌溉沟渠旁、河堤沼泽地等，世界各地均有生长。

五、清新美味

粽香茄子粉蒸肉

主料：450 克带皮五花肉、1 个长茄子、50 克糯米、50 克大米。

配料：

1 大勺甜面酱、1/4 小勺盐、2 克花椒、1 大勺郫县豆瓣酱、1 大勺番茄酱、3 大勺黄酒、1/4 小勺味精、1/4 小勺胡椒粉、2 小勺白糖、1/2 块豆腐乳、1 大勺腐乳汁、1 汤匙适量、鲜芦苇适量。做法：

（1）五花肉清洗干净。

（2）把五花肉切成片。

（3）豆腐乳和腐乳汁放入小碗中，用勺子把豆腐乳碾碎成糊状即可。

（4）肉片中放入盐、白糖、甜面酱、郫县豆瓣酱、豆腐乳糊、番茄酱、料酒、胡椒粉、味精和生姜片。

（5）用手抓匀，腌制 10 分钟。

（6）炒锅烧热，放入糯米、大米、花椒。

（7）小火炒至米粒膨胀，微微发黄。

（8）把炒好的米和花椒放入食品加工机中打成粗粉。

（9）把打好的米粉放入肉片中。

（10）用手抓匀。

（11）茄子切片，用少许的盐洒在茄子片上稍微腌制一下，加些底味。

（12）盘子上先铺一层洗净的芦苇叶，再放入茄子片。

（13）把拌好的肉片均匀的铺在茄子片上。

(14) 把码好肉片的盘子放入蒸锅，加盖大火烧开，转小火蒸40分钟即可。

六、气质诗文

（一）蒹葭

蒹葭苍苍，白露为霜。　所谓伊人，在水一方。
溯洄从之，道阻且长。　溯游从之，宛在水中央。
蒹葭凄凄，白露未晞。　所谓伊人，在水之湄。
溯洄从之，道阻且跻。　溯游从之，宛在水中坻。
蒹葭采采，白露未已。　所谓伊人，在水之涘。
溯洄从之，道阻且右。　溯游从之，宛在水中沚。

赏析：

相思之所谓者，望之而不可即，见之而不可求；虽辛劳而求之，终不可得也。于是幽幽情思，漾漾于文字之间。吾尝闻弦歌，弦止而余音在耳；今读《蒹葭》，文止而余情不散。

蒹葭者，芦苇也，飘零之物，随风而荡，却止于其根，若飘若止，若有若无。思绪无限，恍惚飘摇，而牵挂于根。根者，情也。相思莫不如是。露之为物，瞬息消亡。佛法云：一切有为法，如梦幻泡影。如露亦如电，应作如是观；情之为物，虚幻而未形。庄子曰：乐出虚，蒸成菌。一理也。霜者，露所凝也。土气津液从地而生，薄以寒气则结为霜。求佳人而不可得，于是相思益甚，其情益坚。故曰"未晞"，"未已"。虽不可得而情不散，故终受其苦。求不得苦，爱别离苦！此相思之最苦者也！

情所系着,所谓伊人。然在水一方,终不知其所在。贾长江有诗云:"只在此山中,云深不知处。"夫悦之必求之,故虽不知其所踪,亦涉水而从之。曰"溯洄",曰"溯游",上下而求索也。且道路险阻弯曲,言求索之艰辛,真可谓"上穷碧落下黄泉"。然终于"两处茫茫皆不见",所追逐者,不过幻影云雾,水月镜花,终不可得。

相思益至,如影在前,伸手触之,却遥不可及。"宛在水中央"一句,竟如断弦之音,铿锵而悠长。

(二) 芦苇赞

古往今来,鲜花、芳草、青松、翠竹,都曾得到诗人和画家的青睐。而芦苇,往往很少被注意和重视。其实,这平凡、朴实无华的芦苇,是很值得人们赞美的。

盛夏时节,每根芦苇从秆到叶都是鲜绿的,绿得闪闪发亮,嫩得每片叶子都要滴出水来,临风摇曳,婀娜多姿,显示出一种生机勃勃,欣欣向荣的景像。一根芦苇,应该说是微不足道的,也是脆弱的,无力的,只要大风一吹,就很容易折断,也许芦苇深知自身这个弱点吧,它从来不会单独存在,总是集群而生,聚众而长。只要有芦苇的地方,就是一簇簇,一片片,繁繁茂茂,蓬蓬勃勃,成林成海,风吹不断,浪打不倒。这时候,你一点也不会觉得芦苇弱小,它给人留下的是众志成城、气势磅礴的壮观。

芦苇易生易长。每年冬天被全部砍光,第二年春天一阵春风,几场春雨,又长出新的芦苇,一年又一年,总是生机勃勃。

芦苇是易折的,磐石是难动的。但我要赞美那易折的芦苇,一生中,每当一次风吹过时,皆低下头去,然而风过后,便又重新立起了。只有你使它永远折伏,才能有永远不再作立起的希望。然而我们每个人都是那永远的芦苇,永远难能折伏。

恍忽之间,脑子里飘浮着故乡小河边的芦苇,想起法国思想家帕斯卡尔说的"人是一枝会思想的芦苇"。人是孱弱的,生命孱弱如芦苇,不知哪一阵风将它吹折。就像一根芦苇,但人又是坚强的,从柔弱中焕发出无穷韧性,那种连自己都有可能意识不到的坚韧,陪伴着我们一路向前。法国哲学家帕斯卡尔说:"思想形成人的伟大。人只不过是一根芦苇,是自然界最脆弱的东西,但它是一根能思想的芦苇。"

这根能思想的芦苇,又坚韧似芦花,漫天飞舞。就是你、就是我……我钦佩那芦苇。那平凡的芦苇,犹如我们平凡的人们,在脆弱与坚强之间徘徊,在孤独与喧闹之间挣扎,宛如风中摇曳的芦苇,飘忽不定,迷失在尘世间。懦弱、犹豫、侥幸和虚荣,是秋后还有梦,待芦花绽放之时,已是悲凉的宿命。在风吹雨打之后,虽然有暂时的痛苦的摇摆,然而那只是他新生时的痛苦与反思,那是他新生命的孕育。那是寒冷冬天里坚硬的倔强的直立。

那北方的芦苇,他是极普遍的又是极不平凡的,我要高声赞美他!

经历了整个冬天。寒冷无疑征服了它们,改变了它们。那种征服与改变是强有力的,无法抵御的,你只有接受它,听凭它摆布。你能做到的只是心中有数,紧紧地守住你生命中最重要的东西,本质的东西。

我们同样在被岁月与生活征服和改变的时候,裹紧身子,守住信念与信心,摆出一副越冬的样子。或许我们的外在形体也确实被改变了,褴褛和衰老了,但我们的心也在厚厚的泥土之中,那泥土就是我们无边的智慧和倔强的秉性。我们失去些什么，得到些什么呢？我们无疑是战胜了，保住了我们的本性与本质。我们无疑会为此庆幸，为此作为胜利者而越发目光敏锐、坚定不移、信心百倍。

脚下松软的泥土弹跳着，暗示我行走的节奏。我便感觉到了我的轻盈和愉悦，一种解透人生、战胜自己的轻盈与愉悦。这是一种越冬乃至更深层次的脱胎换骨的过程、涅槃的过程。我们经历过，战胜过，我们就可以说我就是"我"了。也只有在这时候，我们才真正感觉到了理解自己，在滚滚红尘之中守住自己善的本质，原来是最难的事情。

猛然地发现脚下泥土的表层有些异样的东西，是密匝匝的褐色的小尖锥，那是芦苇的笋尖，那是又一茬新生的芦苇尖锐的宣言，那宣言同样是强大的、无可质疑和不可抗拒的。那就是我们从痛苦和迷惘中越冬时所期盼的目的。要不了多久，那些越冬的苍老的芦苇就要倒伏下来，代之而起的将是更加年轻的欣欣向荣的强大的阵势。

我知道这才是必然，才是世间万物历尽苦难生死更替的本真。

44. 鹿衔草

一、简介

鹿衔草为鹿蹄草科植物鹿蹄草或圆叶

鹿蹄草等的全草。又名鹿蹄草，小秦王草，破血丹。全草长12厘米~25厘米或更长，全体无毛。茎很短，根状茎细长，近圆柱形，稍具棱条并有细纵皱纹，红棕色或紫棕色，微具光泽。基生叶数片，具长叶柄，略弯曲，叶柄扁平向中央凹入；叶薄革质，全缘或有疏锯齿，紫红色或棕绿色。偶尔可见花葶，总状花序顶生棕色花，蒴果扁球形棕褐色。气微，味淡微苦。

二、鹿衔草意蕴

丰富经历、行动力。

三、鹿衔草箴言

在这个光怪陆离的人间，没有谁可以将日子过得行云流水。但我始终相信，走过平湖烟雨，岁月山河，那些历尽劫数、尝遍百味的人，会更加生动而干净。时间永远是旁观者，所有的过程和结果，都需要我们自己承担。——张爱玲

四、生长环境

生于山谷林下或阴湿处。

五、神奇药用

（一）功效主治

养肝补肾、强筋壮骨、祛风、除湿、止血。

（二）相关文献

（1）《四川常用中草药》：祛风除湿，止惊悸，盗汗。

（2）《陕西中草药》：补肾壮阳，调经活血，收敛止血。

功效特点：本品甘温，养肝补肾，强筋壮骨，专治肾虚骨弱所致的退化性骨质增生症，又能祛风除湿，用于风湿及类风湿性关节炎疼痛及各种神经性疼痛，兼可止血，可用于肺结核咯血，与山药、芡实、川断配合，可治肾炎蛋白尿。

功效主治：

（1）养阴补肾，强筋壮骨

用于肾虚骨弱导致的退行性骨质增生症，可与熟地、骨碎补、鸡血藤、肉苁蓉、淫羊藿、莱菔子同用。

用于腰膝酸痛、腿脚无力，可单用本品熬水喝。

用于肾亏精少、虚劳咳嗽，可用本品炖肉服。

（2）祛风除湿：用于风湿类风湿性关节疼痛，及各种神经痛，可与当归、川芎、全虫、细辛、桂枝、白芍、羌活、防风等同用。

（3）止血：用于肺结核咯血，可与花蕊石同用，或用本品炖鸡喝汤。

用法用量：内服：6克～15克，入煎剂，大剂量可用至30克，也可研末冲服。外用：适量。

鉴别应用：鹿含草与五加皮，皆为补肝肾、强筋骨、祛风湿之品，且五加皮有利尿消肿作用，而鹿含草有益肾固涩、除尿蛋白的作用，补肾强骨，治骨质退化性疾病及风湿性关节痛。配合应用疗效可增。

实用妙方：鹿含草与杜仲，同入肝肾二经，皆具强筋骨、祛风湿作用，然鹿含草甘温，养肝补肾，强筋壮骨，专用于肾虚骨弱导致的退行性的骨质增生症。杜仲味甘微辛而气温，功偏益肝肾、壮筋骨，二药合用，相辅相助，补肝肾以坚筋骨，祛风湿以强筋骨，是常用的强壮性祛风湿对药。

应用注意事项：阴虚火旺、有热者忌用。

六、清新美味

芙蓉鹿衔猪肺汤原料：木芙蓉花100克，鹿衔草50克，猪肺、姜片、精盐、味精、麻油各适量。做法：

（1）将木芙蓉花、鹿衔草洗净用纱布包好；猪肺洗净切块同入锅中。

（2）锅中加清水600毫升，放入纱布包及猪肺，大火烧开，加入姜片，用小火炖至猪肺酥烂，拣出药纱布，下精盐、味精，淋入麻油即成。分2~3次趁热食猪肺、喝汤。

芙蓉鹿衔猪肺汤功效：适用于肺结核咳嗽者。

七、美好传说

王母娘娘有一个鹿苑，养着几百只金鹿。这些金鹿长着美丽的角，还能随着仙乐跳很好看的"金鹿舞"。每年王母庆寿的时候，都要让金鹿来表演一番。

这一年王母的寿诞又到了，王母在瑶池举行盛大的宴会，群仙都来贺喜，金鹿又出现在宴前。金鹿舞毕，王母娘娘赏给每只鹿一株灵芝草，一个大蟠桃，由守鹿大仙带着它们回去。经过南天门时，一只调皮的小金鹿，四蹄一跃，逃往凡间。王母立即命令托塔天王带领三百天兵天将下凡捉拿。

天兵天将到了四川峨眉山，寻遍了千山万岭，未见金鹿踪迹。天兵天将又驾云来到陕西太白山寻找。寻来找去，仍未见金鹿踪影。这时托塔天王升起云头，手搭凉篷，四面观看，发现拔仙台上有一身穿黄衣黄裤、头梳高髻的少女在采药，再定睛一看，原来是金鹿所化，天王立即从腰中解下套仙索向少女扔去，少女就地一滚，变成了原形，拔脚就跑，在山上踩下了一连串的蹄印。托塔天王挥动天兵，继续追赶，眼看就要赶上，金鹿突然一抬屁股放了一个响屁，直薰得众天兵捂鼻不迭。乘这功夫，金鹿又跑远了。

天王命再猛追，看看就要追上，金鹿忍住巨痛，折断头上双角向天兵掷去，两个天兵的眼睛当即被刺瞎了。金鹿乘天兵乱了阵脚，急忙向海南岛方向逃去。天兵仍穷追不舍，到了海南岛时，金鹿又不见了，只见一个穿黄衣的少女，头戴一顶斗笠，肩挑一担椰子正向前走着，天王定睛一看，发现少女仍是金鹿所化。

这次，他怕金鹿逃掉，没有扔套仙索，而是拉开神弓向少女大腿射去一箭。少女回头一望，应声而倒，化作了"鹿回头村"。天王见金鹿已化成半岛，只好带天兵回天宫复命。金鹿在太白山上踩的脚印中，都长出了一种珍贵的药草，名叫"鹿蹄草"。这种草，性平，味微苦涩。能够调经活血，收敛止血，祛风除湿，补肾壮阳，人们称为神草。

45. 麻黄

一、简介

草麻黄草本状小灌木，高20厘米~40厘米。木质茎匍匐；草质茎直立，小枝对生或轮生，节明显，节间长2厘米~6厘米，直径1毫米~2毫米。叶膜质鞘状，下部约1/2合生，裂片2，三角状披针形，先端渐尖，常向外反卷。雌雄异株，雄球花3~5聚成复穗状，顶生；雌球花阔卵形，常单生枝顶，成熟时呈红色浆果状。种子常两枚，卵形。花期5~6月份，种子成熟期7~8月份。

生长环境：生于干山坡、平原荒地、河床、干草原、河滩附近及固定沙丘，常成片丛生。分布于华北及吉林省、辽宁省、河南省西北部、陕西省、新疆自治区等地。

中麻黄小灌木，高40厘米~80厘米。木质茎直立或斜上生长，基部多分枝；草质茎对生或轮生常被白粉，节间长3厘米~6厘米，直径2毫米~3毫米，鳞叶下部约1/3合生，裂片3（稀2），三角形或三角状披针形，雄球花数个簇生于节上；雌球花3个轮生或2个对生于节上，种子通常3粒。花期5~6月份，种子成熟期7~8月份。

生长环境：生于海拔数百米至 2000 米的干旱荒地、沙漠、戈壁、干旱山坡或草地上。分布于华北、西北及辽宁省、山东省等地。

二、麻黄意蕴

心地善良、欢欣鼓舞。

三、麻黄箴言

一个没有受到献身的热情所鼓舞的人，永远不会做出什么伟大的事情来。——车尔尼雪夫斯基

四、神奇药用

（一）功能主治

发汗散寒，宣肺平喘，利水消肿。多用于风寒表实证，胸闷喘咳，风水浮肿，风湿痹痛，阴疽，痰核。蜜麻黄性温偏润，辛散发汗作用缓和，增强了润肺止咳之功，以宣肺平喘止咳力胜。多用于表症已解，气喘咳嗽。（蜜麻黄：取炼蜜，加适量开水稀释，淋入麻黄段中拌匀，闷润，置炒制容器内，用文火加热，炒至不黏手时，取出晾凉。每 100 千克麻黄段，用 20 千克炼蜜。）

（二）实用妙方

（1）治疗风寒：用于外感风寒，恶寒发热，头、身疼痛，鼻塞，

无汗、脉浮紧等表实证。该品能宣肺气，开腠理，散风寒，以发汗解表。常与桂枝相须为用，增强发汗解表力量，如麻黄汤。

（2）润肺平喘：麻黄除了辛温发汗、解表散寒以外，并有明显的宣肺平喘作用。凡是风寒外侵、毛窍束闭而致肺气不得宣通的外感喘咳，都可用麻黄治疗（风寒表实无汗证）。即使是表证已解，但仍喘咳的，还可以继续用麻黄治疗，这时可改用炙麻黄。生麻黄发汗解表的效力大，炙麻黄发汗力小而平喘止咳的效果较好。用麻黄治疗喘咳，最好配上杏仁。麻黄宣通肺气以平喘止咳，杏仁降气化痰以平喘止咳，麻黄性刚烈，杏仁性柔润，二药合用，可以增强平喘止咳的效果，所以临床上有"麻黄以杏仁为臂助"的说法。喘咳的病人，如出现肺热的证候（痰黄稠、喉燥咽干、口鼻气热、遇热则喘咳加重、苔黄、脉数等），则需加入生石膏，或黄芩、知母等，以清肺热而平喘。常用的方剂如麻杏石甘汤、定喘汤等，可资参考。

（3）消肿：用它行水消肿。主要用于上半身水肿明显的，或头面四肢水肿或急性水肿兼有表证的治疗。麻黄可以温宣肺气、开发腠理、助上焦水气宣化而达到行水消肿的作用。

五、清新美味

（一）陈皮麻黄炖猪肺

做法：

（1）将猪肺灌洗净，备用；

（2）将麻黄、陈皮、猪肺放入锅内；

（3）加适量清水，炖至肺熟为宜。

功效：

具有温肺补虚、止咳平喘、化痰之功效，对中老年支气管哮喘病有疗效。

（二）薄荷参麻黄茶

做法：

（1）先将薄荷、党参、生石膏30克、生姜、麻黄入清水中洗一洗；生姜去皮，切成姜片；麻黄去根节。

（2）把上述原料，共研成粗末，加水适量，煮后去渣取汁，即可。每日一剂，分2次温服。

功效：辛凉解表

六、美好传说

有个挖药的老人，无儿无女，收了一个徒弟。谁想，这个徒弟很是狂妄，才学会一点皮毛，就看不起师傅了。有的时候，卖药的钱也不交给师傅，自己偷偷花掉。师傅伤透了心，就对徒弟说："你翅膀硬了，另立门户吧。"徒弟倒满不在乎："行啊！"师傅不放心地说："不过，有一种药，你不能随便卖给人吃。""什么药？""无叶草。""怎么啦？""这种草的根和茎用处不同；发汗用茎，止汗用根，一朝弄错，就会死人！记住了吗？""记住了。""你背一遍。"徒弟张口就背了一遍，不过，他背时有口无心，压根儿也没用脑子想。

从此，师徒分手，各自卖药。师傅不在眼前，徒弟的胆子更大了，虽然认识的药不多，却什么病都敢治。没过几天，就让他治死了一个。死者家属哪肯善罢甘休，当时就抓住他去见县官。县官问道："你是跟谁学的？"徒弟只好说出师傅的名字。

县官命人把师傅找来，说："你是怎么教的？让他把人治死了！"师傅说："小人无罪。""怎么能说你无罪？""关于无叶草，我清清楚楚地教过他几句口诀。"县官听了，就问徒弟："你还记得吗？背出来我听听。"徒弟背道："发汗用茎，止汗用根，一朝弄错，就会死人。"县官又问："病人有汗无汗？"徒弟答道："浑身出虚汗。""你用的什么药？""无叶草的茎。"县官大怒："简直是胡治！病人已出虚汗还用发汗的药，能不死人？"说罢，命人打了徒弟四十大板，判坐三年大狱。师傅没事，当堂释放。

徒弟在狱中过了三年，这才变得老实了。他找到师傅认了错儿，表示痛改前非。师傅见他有了转变，这才把他留下，并向他传授医道。打这儿起，徒弟再用"无叶草"时就十分小心了。因为这种草给他闯过大祸惹过麻烦，就起名叫"麻烦草"，后来又因为这草的根是黄色的，才又改叫"麻黄"。

46. 芒草

一、简介

芒草是各种芒属植物的统称，别名：白微、龙胆白薇，含有约15到20个物种，属禾本科。原生于非洲与亚洲的亚热带与热带地区。

二、芒草意蕴

秋意、意境、体会。

三、芒草箴言

秋天的风，秋天的叶，秋天的色调，秋天的阳光，构成了一幅绝妙的秋景图。图画中埋藏了许许多多的秘密，只要我们善于发现，就可以揭开；图画中蕴藏了许许多多的人生哲理，只要我们积极求索，就可以领悟。图画中展现了许许多多多姿的人生，只要我们端正态度，就可以拥有。在人生的原野上，燃烧着炽热的追求，流淌着沸腾的热血，焕发着青春的朝气，把无数神奇的梦幻，变成辉煌的画卷。秋天恰如人生的中年，经历漫长的岁月沧桑磨砺正在逐渐充实、成熟。

四、生长环境

凡是在向阳开阔的破坏地上，山巅、水湄都可见其生长。11～12月看到的大多是白背芒和高山芒。五节芒要在端五节前后。

五、芒草功用

(一) 芒草还有染料功能：

芒草可提供黄褐色染料，染料植物各种色泽的取用，以当地自然资源取材容易为材料，或种植大菁、薯榔、黄栀等是众所皆知的染料素材。芒草叶子取材容易，早年曾经使用它来染色，化学染料兴起后，色泽亮丽，染作容易，费时费工的植物染色逐渐被淡忘、淘汰，但是化学染料所带来的环境污染，成为一个重要的问题，于是植物染色又重新回到人们的视野。

（二）芒草发电：

在美国，科学家们正在考虑将农作物与煤以 1∶1 的比例混合来发电。这项技术适应一部分现有的发电站，而另一部分发电站只需做一些改变就可利用此技术。在农作物的选择上，科学家们倾向于杂交后的芒草。用作能源的芒草可以减轻大气中二氧化碳的含量。

（三）神奇药用

（1）贼风肿痹（风入五脏，恍惚）。用莽草一斤，乌头、附子、踯躅各二两，切细，以水和醋泡一夜。取出，和猪油一斤同煎，去渣，手蘸药汁摩病处几百次，可愈。此法亦治癣疥杂疮。耳鼻疾，可以棉裹药汁塞。此方名"莽草膏"。

（2）小儿风痫（抽筋、翻眼，重者一天发病数十次）。用莽草、牡丸各一个，鸡蛋黄大，和猪油一斤同煎，去渣，手蘸药汁摩病处几百次，可愈。

（3）头风久痛。作莽草煎汤洗头。勿令药汁入目。

（4）瘰疬结核。用莽草一两，研为末加鸡蛋白调匀，涂布上帖疮。一天换药二次。

（5）乳肿不消。用莽草、小豆，等分为末，加苦酒和匀，敷患处。

（6）风虫牙痛及喉痹。用莽草叶煎汤。热时含口中，过一会吐去，很有效。

六、气质美文

生命的邀约

席慕容

其实也没有什么
好担心的
我答应你雾散尽之后
我就启程
穿过种满了新茶与相思的
山径之后我知道
前路将经由芒草萋萋的坡壁
直向峰顶就像我知道
生命必须由丰美走向凋零
所以如果我在这多雾的转角
稍稍迟疑或者偶尔写些
有关爱恋的诗句
其实也没有什么好担心的
生命中有些邀约不容忘记
我已经答应了你
只等迷雾散尽

47. 女贞子

一、简介

女贞子是木犀科女贞属植物女贞的果实。女贞子又称女贞实、冬青子、白蜡树子、鼠梓子。该品呈卵形、椭圆形或肾形，长6毫米～8.5毫米，直径3.5毫米～5.5毫米。表面黑紫色或灰黑色，皱缩不平，基部有果梗痕或具宿萼及短梗。体轻。外果皮薄，中果皮较松软，易剥离，内果皮木质，黄棕色，具纵棱，破开后种子通常为1粒，肾形，紫黑色，油性。

二、女贞子意蕴

坚强、简单。

三、女贞子箴言

因为思虑过多，所以你常常把你的人生复杂化了。明明是活在现在，你却总是念念不忘着过去，又忧心忡忡着未来；坚持携带着过去、未来与现在同行，你的人生当然只有一片拖泥带水。简单的进行，单纯的目标，往往更容易到达目的地。

四、生长环境

生于海拔 2900 米以下的疏林或密林中,亦多栽培于庭院或路旁。

五、神奇药用

用于肝肾阴虚、腰酸耳鸣、须发早白、眼目昏暗、视物昏暗;阴虚发热、胃病及痛风。

六、清新美味

(一)女贞决明子汤

材料:女贞子 15 克,黑芝麻、桑椹子、草决明各 10 克。

做法及用法:水煎,早晚空腹温服,日服 1 剂。

功效:滋补肝肾,清养头目,润肠通便。

适用人群:肝肾阴虚所致头晕眼花、高脂血症、便秘及动脉硬化症者。

(二)女贞降脂汤

材料:女贞子 15 克,丹参、首乌、生山楂各 20 克。

做法及用法:水煎服,每日 1 剂,水煎后当茶饮。

功效:现代药理研究表明,本方能明显减少胆固醇吸收,改善脂质代谢,降低血压,控制血小板聚集。全方具有较好的降血脂作用,是防治高血脂症的良药。

适用人群:高血压、高脂血症者。

（三）女贞鲤鱼块

材料：鲜鲤鱼 300 克，山楂片 25 克，鸡蛋 1 个，调料适量。

做法：先将女贞子 15 克煎汤后取出药汁约 30 毫升。鲤鱼斜刀切成瓦片块，加黄酒、女贞子药液、盐腌 15～20 分钟后，放入用鸡蛋与淀粉搅匀的蛋糊中浸透，再蘸上干淀粉，入爆过姜片的温油中氽熟捞起。山楂片加少量水溶化，加白醋、辣酱油、白糖；淀粉制成芡汁，倒入有余油的锅中煮沸，倾入炸好的鱼块，用中火急炒，待汁水紧裹鱼块，撒上葱花。

功效：开胃消食，利水止泻。

适用人群：冠心病、高脂血症及食欲不振者。

七、美好传说

"凌冬而青翠，贞守而有操。此树即尔兮，求不分离兮。"这是描写中药女贞子的诗。相传在秦汉时期，浙江临安府有一员外，膝下只有一女，年方十六，品貌端庄，窈窕动人，琴棋书画，无所不通。员外视若掌上明珠，求婚者络绎不绝，小姐均不应允。员外贪图能升官发财，将爱女许配给县令为妻，以光宗耀祖。哪知员外之女与府中的教书先生私订了终身，但父命难违，到出嫁之日，含恨一头撞死在闺房之中，表明自己非教书先生不嫁之志。教书先生闻听小姐殉情，如晴天霹雳，忧郁成疾，茶饭不思，不过几日便形如枯槁，满头乌丝也变成了白发。因教书先生思情太浓，每日到此女坟前凭吊，以寄托哀思。但见坟上长出一株枝叶繁茂的女贞子，果实乌黑发亮。教书先生遂摘了几颗放入口中，味甘而苦，直沁心脾，顿觉精神倍增。从这以后，教书先生每日必到此摘果充饥，病亦奇迹般地日见好转，过早的白发也渐渐地变得乌黑了。他大为震惊，深情地吟到:"此树即尔兮,求不分离兮。"从此,女贞子便开始被人们作为药物使用了。女贞子是一味清补的药物,其味甘苦,性凉,能滋补肝肾,养血明目,用于治疗肝肾阴虚而引起的腰膝酸软、头晕耳鸣、视力减退、头发早白等症状。医学研究证明,女贞子所含的果酸等有效成分,能强心、利尿、保肝,促进肝细胞的再生和防止化疗后白细胞的减少。李时珍在《本草纲目》中是这样描述女贞子的:"此木凌冬青翠,有贞守之操,故以'女贞'命之。"

八、气质美文

女贞子随想

走进医院大门,有幽香迎面,清雅如兰,左手边那一片林荫里,一地的细细白花,晶莹如雪。那个做清扫的女工,细细轻扫,将其拢成一堆,不显得粗暴,也并不格外柔情。女贞子的花期很长,整个夏天都这样飘飘洒洒,对于清扫女工而言,这也只是比其它扫除略为清雅一点的例行功课而已。她清扫过的地面上,又星星点点的落下几片,一辆黑色轿车上面,也是一层细碎的小白花,不晓得车主人等下是否舍得拂掉。我端着粉碗走过,不小心就会有一两朵飘到粉碗里,飘到头发上或衣服上。我总是忍不住要深深的吸口气。仰头看去,高高的树枝顶端,粉白的花朵团团簇簇,似在云端笑。

那细小如米粒般的白花,更如一个女子的贞洁柔美,楚楚可怜。它只是那样飘飘洒洒,无声无息,如延绵无期的思念。而这思念如此清雅浓郁,无丝毫怨尤。

俯身拾起地上细碎的花朵,花朵多为四个细小的花瓣,花径中空。江南女子有用线串了茉莉花,戴在手腕上的喜好。若此时,我有一个四五岁的女儿,大约我也要用绣花针穿了细丝线,将这女贞子花串成串，帮她戴在手腕上，脚脖上。

　　树上有啾啾的小鸟叫，新生的小鸟不知道怕人，把它的黑眼珠对着你滴溜溜，叫声清脆稚嫩，让你怜爱不尽。为鸟者，在成熟之后，其声也要变得苍凉婉转。人这一辈子风雨苍桑几十年，怎能保得清新如昔？

　　好花不多时。

　　到得寒冬，树上又是一团团紫黑色的女贞子了，大小如豆，圆润如泪珠，仍是一颗颗的往下落。颗颗都是那个叫贞子的女子，相思的血泪凝结。

　　摊开纸笔，想要为它写点什么，却是相思点点，写不成字。

　　若有一天，我拥有了自己的院子，我要在院子前种一排的女贞子树，在落花缤纷的时节里，搬一把椅子坐在树下，膝上放一本摊开许久而不看的书，只看那落花成阵，相思无痕。

　　只是，等到白雪飘零的寒冬时，谁来收拾那滚落一地的女贞子？

48. 蒲公英

一、简介

　　蒲公英属菊科多年生草本植物。皱缩卷曲的团块，根圆柱形，多弯曲长3厘米~7厘米，棕褐色，根头部有茸毛，叶破碎，完整叶片为倒披针形，暗灰绿色或绿褐色，边缘浅裂或具有羽状缺刻，基部下延成柄状，下表面主脉明显，头状花序顶生，种子上有白色冠毛结成的绒球，花开后随风飘到新的地方孕育新生命。黄褐色或淡黄白色，有的可见多数具有白色冠毛的长椭圆形瘦果，气微，味微苦。

二、蒲公英意蕴

勇敢无畏。

有着充满朝气的黄色花朵，花语是"停不了的爱"。

三、蒲公英箴言

无知者为梦想中的虚幻而苦苦等待，换回的不是所求的，而是岁月在脸上留下的印痕，一事无成的人一生便是虚度。生活中，与其花时间去等待，不如加快步伐去追寻理想，试着与时间赛跑，也许身躯、心理会感到劳累，但这样的生活毕竟是充实的。

四、生长环境

蒲公英生长在平原沼泽的田园之中。它的茎，叶都像莴苣，折断后有白汁流出，可以生吃，花像单独的菊花但比较大。花像头饰金簪头，也叫金簪草，形状一只脚立地的样子，也叫黄花地丁。

五、神奇药用

对消化不良、便秘都有改善的作用，另外蒲公英同时含有蛋白质、脂肪、碳水化合物、微量元素及维生素等，有丰富的营养价值。其中含有的胡萝卜素和 C 及矿物质，对消化不良、便秘都有改善的作用。另外叶子还有改善湿疹、舒缓皮肤炎的功效，根则具有消炎作用，花朵煎成药汁可以去除雀斑，叶子还有改善湿疹、舒缓皮肤炎、关节不适的净血功效，根则具有消炎作用，可以治疗胆结石、风湿，不过在没有专业医师指导下还是不要擅自使用为佳。

六、清新美味

生吃：将蒲公英鲜嫩茎叶洗净，沥干蘸酱，略有苦味，味鲜美清香且爽口。

凉拌：洗净的蒲公英用沸水焯 1 分钟，沥出，用冷水冲一下。佐以辣椒油、味精、盐、香油、醋、蒜泥等，也可根据自己口味拌成风味各异的小菜。

做馅：将蒲公英嫩茎叶洗净水焯后，稍攥、剁碎，加佐料调成馅（也可加肉）包饺子或包子。

蒲公英粥：蒲公英 30 克，粳米 100 克，煮成粥，可清热解毒，消肿散结；

七、古韵

蒲公英

左河水

弃落荒坡依旧发，无缘无分胜名花。勿言无用低俗贱，宴款高朋色味佳。

飘似羽,逸如纱,秋来飞絮赴天涯。献身喜作医人药,无意芳名遍万家。

八、美好传说

在很久以前,有一位官位显赫大户人家,有个小女儿叫朝阳,长得非常美丽、聪明、贤淑善良,深得双亲的宠爱。可朝阳到了十七八岁时,还没有找到心仪的郎君,一个偶然的机会,邂逅一个挑着草药的英俊小伙子,那小伙穿着粗布衣裤,却长得眉目清秀、英气非凡。心仪的郎君叫蒲公,他曾饱读诗书,学识渊博,但是后来因其父母早逝,落得家境贫寒,所以才以采药为生。朝阳的父母嫌弃他贫穷,却无奈女儿的坚持,答应了婚事。但是他们成亲后,父母和亲人对蒲公还是有很多的不满与岐视,朝阳看到父母和亲人的态度,她想不清为什么深爱着自己的父母竟然如此排斥着自己心爱郎君?朝阳和蒲公决定浪迹天涯。

朝阳和蒲公后来浪迹到一个风景秀丽的小山村,瓦窑的生活虽然艰苦,但他们却生活的很幸福,然而由于局势荡乱,没过多久,蒲公被迫去参军打仗了,这一去就是18年!

18年里蒲公遥无音讯,朝阳坚守着瓦窑,到山上去,站在山坡上遥望着远方等着蒲公的归来,18年里只有那满山的一种不知名的野花来填饱肚子,到了那野花干枯的时候她还拿回瓦窑取暖,后来她发现这种野花不但能吃,还有疗伤、美容的效果,特别是因长期服用这种野花,还用长满野花的小溪水洗脸而貌如桃花、美如天仙,乐观的她常想:"看,多美啊,它们在随风而舞,一朵一朵在天空寻找着伴侣,又飘落在大地的每个角落,到明年又有更多生命的鲜艳"。

　　18年后一天,一个天大的好消息像一阵春风传入了朝阳的耳中,蒲公回来了!并且因战功卓著,已做了大将军,朝阳听后无比的激动、喜悦……一家人终于得以团聚。

九、气质美文

蒲公英的梦

　　夕阳,徐风,飘。

　　飘荡在夕阳下,徐风中,不知多久,也不知多远。身背行囊的你,随风飘逝,浪迹天涯。你已不知家在何方,更不知路在何方,只知道远方有你的理想。飘啊,朝着理想的方向,踏着心的脚步,追逐你向往的目标。你相信梦就在前方,就在太阳升起的地方。

　　呵,那小小的,洁白的翎羽在风中舒展。这是你飞翔的翅膀,上面承载了多少希望。大地的回忆和眷恋,童年的纯真和梦想,还有远方朦朦胧胧的向往……飘飘然,你醉了。醒来的时候,你依然飘在风中,在漫无边际的天地之间。似乎依然无忧无虑,无牵无挂。然而你又茫然了,前方真的有梦吗?征途漫漫,何处才是你梦中的天堂?你又有些徘徊了,梦还遥远,家又在何方?命运告诉你,路在脚下。可你不禁问自己路在何方?你曾坚信太阳升起的地方是你的生命的地平线。然而你分明看见,希望离自己那么遥远。你想把自己托付给这片广袤与深邃的天空,就这样无忧无虑地飘荡,但你不能,你无法放弃自己的梦想。

　　风啊,停停吧,给我些时间理清思绪;风啊,不要停,别把我丢在这儿,送我去梦想的天堂。蒲公英,你好矛盾。你的信念去哪儿啦？你的勇气去哪里了？什么时候你把它们都收进了你的背囊？噢，你听我说，哭过，笑过，彷徨过，人才会才大。你看，远方太阳升起的地方，霞曦依旧，你的梦就在那里。飞吧，快去吧，快去寻找你的梦。

49. 七叶一枝花

一、简介

七叶一枝花，又名七叶莲，算是植物中的异类。它最大的特征就是由一圈轮生的叶子中冒出一朵花，这还不稀奇，稀奇的是这花的形状像极了它的叶子，它可以分成两个部分，外轮花及内轮花，外轮花与叶子很像，约有六片，而内轮花约有八片。一枝花是百合科植物，系以形状得名。其叶2～3层，每层6～8片，通常7片，夏季开花，从茎顶抽出花茎，顶端着花一朵，故名。其根呈节状扁圆柱形，略弯曲，密生层状突起的粗环纹，像睡眠中的跳蚤，又似叠叠楼层，故《神农本草经》等书又名"蚤休"、"重楼"等。目前入药的主要是其根茎。中医认为，其性味苦，微寒，有清热解毒、消肿止痛、息风定惊、平喘止咳等功效，常用来治疗痈肿、淋巴结核、喉痹、蛇虫咬伤、慢性气管炎、小儿惊风抽搐、婴儿湿疹、腮腺炎、乳腺炎、恶性肿瘤等。其花也有

类似药效。药理学证实，本品根茎含有甾体皂苷、生物碱、氨基酸等成分，对流感病毒、金黄色葡萄球菌等多种微生物有抑制作用，并有镇静、镇痛、镇咳、平喘等效能。虽然其药用广泛，但其功效最早被发现、最拿手、最知名的还是治蛇毒、疗痈疽。有名的季德胜蛇药，就是以该药为主要成分制成的。李时珍《本草纲目》载歌曰："七叶一枝花，深山是我家，痈疽如遇者，一似手拈拿。"

二、七叶一枝花意蕴

妖娆、自我。

三、七叶一枝花箴言

很喜欢夕阳时候，大地一片安详，你会发现天空在静静的变换着色彩，要知道当阳光最耀眼的时候我们是不敢直视它的，所以一个人最耀眼的时光未必就是最幸福的时候，只有最舒服的时光才是最美丽的时光。

四、生长环境

山坡林下或沟边的草丛较阴湿处。野生七叶一枝花生长于海拔700米~1100米地带的山谷、溪涧边，阔叶林下阴湿地。古语：七叶一枝花，深山夜洼我的家。形容七叶一枝花的生长环境潮湿。

五、神奇药用

（一）功能主治

败毒抗癌、消肿止痛、清热定惊、镇咳平喘。治痈肿肺痨久咳、跌打损伤、蛇虫咬伤、淋巴结核、骨髓炎等症,是云南白药的主要成分之一。七叶一枝花所含皂甙,能抑制大肠杆菌、痢疾杆菌、绿脓杆菌、流感病毒,并有平喘、止咳、消炎作用。但该花及其根茎、皮部有毒,内服忌过量。

(二) 实用妙方

(1) 退烧。地下茎晒干后,切一小薄片(1~2克),切碎成末,和糖一起服下,退烧很快。

(2) 流行性腮腺炎:七叶一枝花根状茎适量,蘸醋外擦,每日4~5次,另用2~3钱水煎服,每日3次。

(3) 慢性气管炎:

七叶一枝花适量,研成细末,开水送服。或七叶一枝花、黄芩、野荞麦根、云雾草各15克,前胡、徐长卿各12克,桔梗、淫羊藿、补骨脂各9克,水煎服。

(4) 急性胰腺炎:

七叶一枝花、金银花各10克,野菊花、栀子花各6克,素馨花9克,水煎服。

无名肿毒、流行性腮腺炎、乳腺炎、疔疮:

七叶一枝花9克,蒲公英30克,水煎服。或七叶一枝花、根茎适量,研成细末,醋调敷搽患处。

(5) 毒蛇咬伤:

干七叶一枝花适量,研成细末开水送服。或鲜七叶一枝花根捣烂,加甜酒酿调敷患处。

(6) 神经炎、皮炎:

干七叶一枝花适量,研成细末,以麻油调敷患处。

六、清新美味

七叶一枝花炖猪肺

七叶一枝花 15 克，猪肺 1 副炖熟，加调料适量食用。

适用于肺痨久咳、哮喘等症。七叶一枝花炖鸡也有同样功效。

七、美好传说

（一）七叶一枝花是一味清热解毒的草药，药用历史悠久，向来被誉为蛇伤痈疽圣药。

据传，这味草药的名字缘于一则神话故事。很久以前，浙江天目山区住着一个青年叫沈见山，父母早逝，又无兄弟姐妹，靠上山砍柴为生。一天，他在砍柴时，草丛中忽然窜出一条毒蛇，还未及躲避，他的小腿就被蛇狠狠咬了一口。不一会儿，他就昏迷在地，不省人事。

说来也巧，这时天上的七仙女正好脚踏彩云来天目山天池里洗澡，看到了昏倒的沈见山，便动了恻隐同情之心，她们将他围成一圈，纷纷取出随身携带的罗帕盖在他的伤口四面。更巧的是，王母娘娘这时也驾祥云到此，看到了青年、伤口和女儿们的罗帕，明白了一切，于是随手拔下头上的碧玉簪，放在 7 块罗帕的中央。或许是伤口得到了罗帕和碧玉簪的仙气，蛇毒很快就消散了，沈见山竟渐渐清醒过来。清醒后的一瞬间，他只听"嗖"地一阵风响，罗帕和碧玉簪一起落在了地上，即刻变成了 7 片翠叶托着一朵金花的野草。他惊呆了，仿佛刚做了一场梦，又看看自己的小腿，了无伤痕。

最后他想明白了，是这好看的野草救了自己的蛇伤。于是，下山后，他给村民们反复讲述被蛇咬伤后获救的奇异经过，并带村民上山认药。村民们推测说，这药草蕴含有仙气，能克蛇毒妖魔云云，故而每遇有蛇咬伤患者，都采挖此药，并获神效。当大家好奇地询问药草的名字时，沈见山想了想说："七叶一枝花。"

（二）相传，很古以前有一个叫东山的村庄，住着一对老年夫妇，他们有七个生龙活虎的儿子和一个美貌的女儿。7个兄弟从事耕地播种，妹妹上山采花采茶，一家人生活十分幸福。有一年，村庄里突然出现了一条大蟒蛇，十分凶残，常吞羊吃人，弄得鸡犬不宁，人心慌慌。7个兄弟决心为民除害，与大蟒蛇搏斗，但个个丧生，妹妹为了替哥哥报仇，练习武艺后，穿上了用绣花针编织的衣裙与蟒蛇拼搏，结果也成了蟒蛇的腹中物。由于金属的绣花针像万把尖刀猛刺蟒蛇内脏，最后蟒蛇终于丧命，于是山村又恢复了平静，但老夫妇失去了儿子和女儿，十分悲伤，天天哭泣不止。后来发现在大蟒蛇葬身之地长出了由七片叶子托着一朵花的奇异植物。有人用捣烂的这种草涂敷被毒蛇所咬的伤口，不久伤口就好了。从此，七叶一枝花就成了医治毒蛇咬伤的名药。

50. 起舞草

一、简介

起舞草，又名跳舞草、情人草、无风自动草、多情草、风流草、求偶草等，属豆科舞草属多年生的木本植物，喜阳光，呈小灌木，盆栽高约 70 厘米～100 厘米，地栽可达 1.5 米～2 米，各枝叶柄上长有 3 枚清秀的叶片，当气温达 25℃ 以上并在 70 分贝声音刺激下，两枚小叶绕中间大叶便"自行起舞"故名"跳舞草"，给人以清新和神秘之感。

二、起舞草意蕴

灵动、热爱。

三、起舞草箴言

仰望星空，那似乎没有瑕疵的星辰在银河中闪耀，它带给我们无限的遐想，那不染纤尘的星空里，放飞了多少人美丽的梦想啊！飞上星星的人知道，那里像地球一样，有灰尘也有石渣，于是他们失去了对幻想的渴望。我们虽不能一味沉溺于自己的幻想之中，却也不能让自由飞翔的思想湮没在无情的现实里。

四、生长环境

喜阳光和温暖湿润的环境。耐旱，耐瘠薄土壤，常生长在丘陵山坡或山沟灌丛中，或至海拔 2000 米的山地。

五、神奇药用

起舞草具有药用保健价值,全株均可入药。据《本草纲目》记载,该草具有祛瘀生新、舒筋活络之功效,其叶可治骨折;枝茎泡酒服,能强壮筋骨,治疗风湿骨疼。

六、美好传说

跳舞草,还有一个非常凄美的传说。

古时候,西双版纳有一位美丽善良的傣族农家少女,名叫多侬,她天生酷爱舞蹈,且舞技超群。她常常在农闲时间巡回于各族村寨,为广大贫苦的老百姓表演舞蹈。身形优美、翩翩起舞的她好似林间泉边饮水嬉戏的金孔雀,又像田野上空自由飞翔的仙鹤,观看她跳舞的人都不禁沉醉其中,忘记了忧愁,忘记了痛苦,甚至忘记了自己。

天长日久,多侬名声渐起,声名远扬。后来,一个可恶的大土司带领众多家丁将多侬强抢到他家,并要求多侬每天为他跳舞。多侬誓死不从,以死相抗,趁看守不注意时逃出来,跳进澜沧江,溺水而亡。许多穷苦的老百姓自发组织起来打捞了多侬的尸体,并为她举行了隆重的葬礼。后来,多侬的坟上就长出了一种漂亮的小草,每当音乐响起,它便合节而舞,人们都称之为"跳舞草",并视之为多侬的化身。

七、气质美文

起舞草的愿望

我希望我可以拥有你的一双翅膀

下 篇
草的大千世界

用它在我的梦中飞翔

我追逐着蝴蝶

直到出升红日的金光拨开了我的双眼

今晚的天空迷住了我的双眼

因为它们看到了一片属于天使的领地

我触摸到了那携带魔法的明星

问候那些美丽的天使，在它们的领域

有时我希望我是天使

一个像你一样的天使

有时我希望我是天使

我希望同你一样是天使

所有来自天上的甜蜜

倾注在我的全身，那最美妙的爱

当你在我的脑海中萦绕

那来自你最亲密的吻让我知足

我希望我可以拥有你的一双翅膀

就像那夜在我梦中出现的那双

我在梦中的天国迷失

希望我再也不必醒来

有时我希望我是天使

一个像你那样的天使

有时我希望我是天使

我希望同你一样是天使

然而天空又有那么多危险

正企图与我们不公平的竞争

那些危险，隐藏在空中的危险

妄想给予我们恐惧

但是我们从不畏惧

51．茜草

一、简介

多年生攀援草本。茎四棱形，有的沿棱有倒刺。叶4片轮生，其中1对较大而具长柄，卵形或卵状披针形，长2.5厘米~6厘米或更长，宽1厘米~3厘米或更宽；叶缘和背脉有源小倒刺。聚伞花序顶生或腋生；花小，萼齿不明显，花冠绿色或白色，5裂，有缘毛。果肉质，小形，熟时紫黑色。花果期9~10月。

二、茜草意蕴

优雅、可爱。

三、茜草箴言

人生的优雅并非训练或装扮出来的，而是百千阅历后的坦然，饱受沧桑后的睿智，无数沉浮后的淡泊。是把尘事看轻些，生活沟壑纵横，学会舍得与

放下，轻装才可疾行；是把人际关系看淡些，少些倾轧与争斗，最大的珍惜莫过珍惜易逝的时光；是把得失看淡些，宠辱不惊来去无意，如此心宁静，优雅随之。

四、生长环境

生于山坡岩石旁或沟边草丛中。主产安徽、河北、陕西、河南、山东。

五、神奇药用

（一）功能主治：

凉血、止血、祛瘀、通经、镇咳、祛痰。用于吐血、衄血、崩漏、外伤出血、经闭瘀阻、关节痹痛、跌扑肿痛。现代医学临床研究：可以治疗出血性疾患，慢性气管炎，慢性腹泻，风湿性关节炎，治疗软组织损伤。

（二）使用妙方

(1) 吐血不止：茜草一两，生捣箩为散，每服二钱、水一中盏、煎至七分，放冷，食后服之（《简要济众方》）。

(2) 治鼻血不止：茜根、艾叶各一两，乌梅肉两钱半，研末，炼蜜丸如梧桐子大，每次乌梅汤送服50丸《本事方》。

六、美好传说

相传，古长安城有一家人专卖一种中药汤剂，不管什么人得什么病，给上几个钱，就可买上一碗喝。

有一天，一位大官忽然流起鼻血，怎么也止不住，全家人急得团团转。一个随从说："听说城东一家的汤药包治百病，何不打回来一些试试？"这位大官本来不相信这种传言，可是在这种紧急关头，也就同意了。

随从飞马来到城东，见这家院子里支了一口大锅，锅里的药汤已经卖得剩下一点点了，他取出罐子，盛了药就走。没想到快到官府时，一不小心，罐子翻倒在地，药汤洒光了，返回去又怕来不及，他跳下马来，忽然见附近有一家染坊，想起这里有一个朋友常吃药，如有熬好的药汤，不如要一些回去应付差事。他走进染坊，一眼看见一只染缸里有半缸红水，和刚才那一罐子药汤的颜色差不了多少，便舀一罐子回去了。

大官看到药汤取回来了，接过来仰起脖子咕嘟咕嘟就喝。随从站在一边瞅着，脊背上直冒冷汗，谁知过了一会儿，老爷的鼻血居然止住了，他笑眯眯地对随从说：真是妙药！

后来，随从经朋友介绍，才知那染料水是用茜草根熬出来的，可以染红布。

《本草纲目》云："陶隐居本草言：东方有而少，不如西方多，则西草为茜，……"时珍曰："茜草十二月生苗，蔓廷数尺，方甚中空有肋，外有细刺，数寸一节，每节五叶，叶如乌药叶而糙涩，面青背绿，七八月开花结实，如小椒大，中有细子……可以染绛……"